室内课程设计与毕业设计指导丛书

专卖店设计

周　宇　戴碧锋　梁文育　编著

中国建筑工业出版社

图书在版编目（CIP）数据

专卖店设计 / 周宇，戴碧锋，梁文育编著 . —北京：中国建筑工业出版社，2018.2
（室内课程设计与毕业设计指导丛书）
ISBN 978-7-112-21537-9

Ⅰ.①专… Ⅱ.①周…②戴…③梁… Ⅲ.①专卖—商店—室内装饰设计 Ⅳ.①TU247.2

中国版本图书馆CIP数据核字（2017）第284619号

本书是“室内课程设计与毕业设计指导丛书”系列之一。

书中主要介绍了专卖店的特点、分类、基本功能、设计的基本原则；商品的陈列与展示基本原则、技巧；专卖店的外部与室内空间设计，包括外观设计、招牌设计、橱窗设计、货架展柜展台设计等。书中还编入了专卖店施工图范例——广州市北京路西铁城旗舰店一套完整的施工图，供读者在工作、学习中参考，并选用了一些国内外专卖店设计精品供大家赏析。书后给出了相关的课程设计任务书，包括作业范例等，以便同学在做设计时参考。

本书可作为大专院校室内设计、环境艺术设计、建筑装饰及建筑学专业教学用书，也可供相关的工程技术人员，有关管理人员阅读参考。

责任编辑：王玉容
责任校对：李欣慰

室内课程设计与毕业设计指导丛书
专卖店设计
周 宇 戴碧锋 梁文育 编著
*
中国建筑工业出版社出版、发行（北京海淀三里河路9号）
各地新华书店、建筑书店经销
北京京点图文设计有限公司制版
北京中科印刷有限公司印刷
*
开本：880×1230 毫米 1/16 印张：5½ 插页：12 字数：181 千字
2018 年 3 月第一版 2018 年 3 月第一次印刷
定价：28.00 元
ISBN 978-7-112-21537-9
（31161）

前　言

专卖店空间是常见商业空间设计之一，其设计与布置对公司的品牌、形象、文化是最直接的展示，同时对企业的销售行为及售后服务有重要影响。

《专卖店设计》一书是“室内课程设计与毕业设计指导丛书”中的分册，与一般室内环境艺术设计书籍与教材的编撰相比具有更强的专业性和针对性，可供高等院校室内设计专业和相关专业的师生作教材或参考书使用，也可供建筑装饰行业的从业人员使用。本书的撰写的指导思想有以下两点：

一、专卖店设计的基本理论和实践紧密结合。本书结合专卖店设计的发展的最新学科动向和设计时尚对我国设计实践的影响，系统地介绍了专卖店设计的特点、基本理论与设计要点，结合大量工程实例进行分析讲解，做到理论与实践相结合。

二、汇编了专卖店设计所需的相关资料与设计规范。本书针对专卖店设计的实际需要，汇编了包括最新的《商店建筑设计规范》（JGJ 48—2014）在内的相关规范，并收录了各种不同类型专卖店中的展台、展柜详图，附在书后可供读者查阅。

本书由三位作者执笔，广东工贸职业技术学院周宇老师执笔编写第二和第三章内容，广东航海学院戴碧锋老师完成第一章以及撰写案例点评，广东南华工商职业学院梁文育老师完成第四章以及工程图选部分。在本书的编写过程中，霍维国教授指导了系列丛书的编写，也提供了很多宝贵意见。另外，在本书的编写过程中，柯平川老师也提供了许多相关照片及资料。在此对本书编写工作而努力的老师表示衷心的感谢。

本书编著中难免会有一些不足之处，诚望读者及同行们能给予批评和指正。

周　宇

目 录

第一章　专卖店概述

第一节　专卖店的含义

西方把专卖店“Exclusive Shop”解释为专门经营或授权经营某一品牌商品的零售商店。品牌专卖店的销售体现在量少，质优，注重品牌声誉；从业人员必须具备一定的专业知识，并提供专业性服务等方面，如图 1–1 所示，ZARA 的专卖店只有该品牌的产品出售，没有其他品牌的商品。

在我国的《辞海》中对“专卖店”的释义是：“专门经营某一品牌商品的零售商店”。这种销售形态是 20 世纪 50 年代后期得到普遍发展的。因其主要经营单一的品牌商品，既利于促销，又受到很多固定消费者的欢迎。

“专卖”英文“monopoly”，原意为垄断、垄断产品、独占，是指业主独占某种商品的经营、生产、销售权，使该品牌在市场上具有很强的独立性，从而垄断该品牌的销售。这种销售方式通常以专卖店的形式表现出来。

图 1–1　大阪近铁百货大楼 ZARA 专卖店

第二节 专卖店的特点

专卖店空间设计，是人们日常生活中最常见的室内设计类型，其特点如下：

（1）专卖店一般选址在繁华商业区、商店街或百货店、购物中心内，周边人群的消费能力往往直接影响专卖店的生存。如图 1–2 和图 1–3 所示，作为国际知名的奢侈品品牌普拉达在专卖店的选址上，都是选择在经济发达的大城市中最繁华的商业区内。

图 1–2 米兰埃玛努埃尔长廊内普拉达专卖店

图 1–3 澳门新濠影汇内普拉达专卖店

（2）营业面积以著名品牌、大众品牌为主，产品销售是表现出量小、质优、高毛利的特点。

（3）专卖店是品牌、形象、文化的窗口，有助于品牌号召力的进一步提升。如广州市北京路歌莉娅概念店并不是卖服装及配饰，而是在保护广州有价值的老建筑的同时，结合法式风格的花店、铺满花阶砖的展厅和露天咖啡厅讲述老广州的历史，以此向歌莉娅服装品牌的用户传达该品牌注重设计，重视本土文化的理念。

（4）能有效贯彻和执行文化及活动方针，有效提高集团的执行力，突破现代企业所普遍面临的管理瓶颈。

（5）专心专业、专卖一类产品或一个品牌，大大增强产品的终端销售能力，更多地创造顾客购买一类产品或一个品牌的系列产品（专卖 + 优质产品 + 星级服务）的机会，提升产品的销量。

（6）专卖店服务一体化，可创造稳定的、忠诚的顾客消费群体。

图 1–4　广州市北京路歌莉娅概念店

（7）易于及时向终端经销商和消费者提供该公司的产品信息，同时易于收集市场和渠道信息。

（8）消费者到专卖店选购产品时，该品牌有百分之百的销售机会（店内无其他品牌），大大增加了产品的成交率。

（9）商店的陈列、照明、包装、广告讲究，采取定价销售和开架面售，如图 1–5 所示。

（10）营业面积根据经营商品的特点而定。

（11）注重品牌名声。营业员具备丰富的商品知识，并提供专业知识性服务。

第三节　专卖店的分类

根据专卖店的经营规模及销售模式可以分为以下三种类型。

1）商场型专卖店

经营规模较大，营业面积通常在几百平方米之上，分单层或多层销售空间进行某一类型商品的销售。商品时尚性强，档次齐全，可满足需要此类商品的不同消费层次、不同年龄层顾客的需求。

装饰特点：装饰档级较高，注重商品陈列形

（a）

（b）

图 1-5 专卖店综合艺术效果

象和品牌效应。从商场的外部形象到内部空间造型以及货柜陈列都应显示出领导潮流的整体形象，如图 1–6 所示。

2）专业型专卖店

经营面积要大大小于商场型专卖商店；经营项目是某一种特定商品，具有一定的时尚代表性，但仍属于面向大众消费型的商店。

装饰特点：装饰档次属中档装饰层次。装饰重点一般为店面的艺术造型，如图 1–7 所示。

图 1–6　日本姬路 Piole 百货商店内 WAKON 和服专卖店

图 1–7　日本京都 ROSE BUD 专卖店

3）品牌型专卖店

专营某一品牌或某一知名公司生产的系列商品，常以连锁店的形式出现。

装饰特点：小而精是其装饰设计的特点，并且特别注重突出商品或公司的商标及品牌名称。为使人容易记住它们的标志，常将各连锁店的门头造型和色彩统一于一种形式。店内装饰档级较高，高雅大方，整洁统一，具有潮流感。陈列形式与货柜造型有特色，极讲究品味与文化，商品展示富有个性，如图 1-8 所示。

（a）

（b）

（c）

（d）

图 1-8　武汉真维斯专卖店

第四节　专卖店的基本功能

专卖店设计功能定位的重点在于表现产品品牌形象和专卖店的品质概念，要抓住目标消费者群体的消费需求，完善设计定位。品牌专卖店设计具有以下四个基本功能：

（1）展示性：集中表现在商品展示、企业形象展示、商业资讯展示等功能。

（2）商业性：为产品销售提高平台、拓宽商品的销售途径。

（3）服务性：提高产品服务、销售服务、休闲服务等功能。

（4）文化性：体现社会文化、企业文化、商品文化、品牌文化。

第五节　专卖店设计的基本原则

专卖店的设计在视觉传达理论中属于SI部分的执行部分，即通过陈列、展示等手法将VI具体地应用起来，实现企业的目的。SI属于VI的一部分。VI全称Visual Identity，即企业VI视觉设计，通译为视觉识别系统，是将CI的非可视内容转化为静态的视觉识别符号。设计到位、实施科学的视觉识别系统，是传播企业经营理念、建立企业知名度、塑造企业形象的快速便捷之途。企业通过VI设计，对内可以获得员工的认同感、归属感，加强企业凝聚力；对外可以树立企业的整体形象，整合资源，有控制地将企业的信息传达给受众，通过视觉符号，不断强化受众的意识，从而获得认同。如图1–9所示，中国电信在制定视觉识别系统后，所有的门店设计中，都按照一定的比例关系、色彩的使用规则，来进行各立面的设计，确保其门店有统一的风格。

品牌专卖店的设计是运用CI系统中的规范制定标准，明确材质、工艺、工期、验收标准，在装修时就可以按图索骥，使效果和质量得到保障。验收合格的专卖店显得整齐划一，可以提高品牌的知名度和美誉度。专卖店是最终的销售终端，良好的购物环境也有助于销售业绩的提升。

专卖店的设计遵循以下几个设计原则：

1）功能性原则

专卖店以销售为主要功能，同时兼有品牌宣传. 商品展示的功能。具体到每个专卖店，要根据店面的形状和层高，合理地安排人流动线，划分功能区。如果设计方案对于这些功能起到了加强的作用，就可以视为成功的设计，反之则是失败的设计。这是专卖店设计中的功能性要求。

2）整体性原则

专卖店为了凸显在某个方面的专业性，在装修上需要强调整体感。其可以做引导性的设计，店内各个部分在选材、色彩、风格和照明上都需要趋于一致，共同营造专卖店内的空间氛围，突出行业特性和品牌特征，展示陈列道具也要与专卖店的装修和商品的陈列相协调。这是专卖店设计对内部的整体性要求。

连锁式专卖店除了要注意内部的整体性，还要注重整个系统的整体性。系统中的各专卖店之间差距不能过大，要显得整齐划一，以共同提升品牌的形象。这是专卖店设计对系统的整体性要求。

3）经济性原则

专卖店的造价受所卖商品价值的影响，商品价值越高，相应专卖店的装修档次越高。专卖店的造价要与商品的价值相适应，低价值商品配高档装修不是好的设计方案，反之亦然。

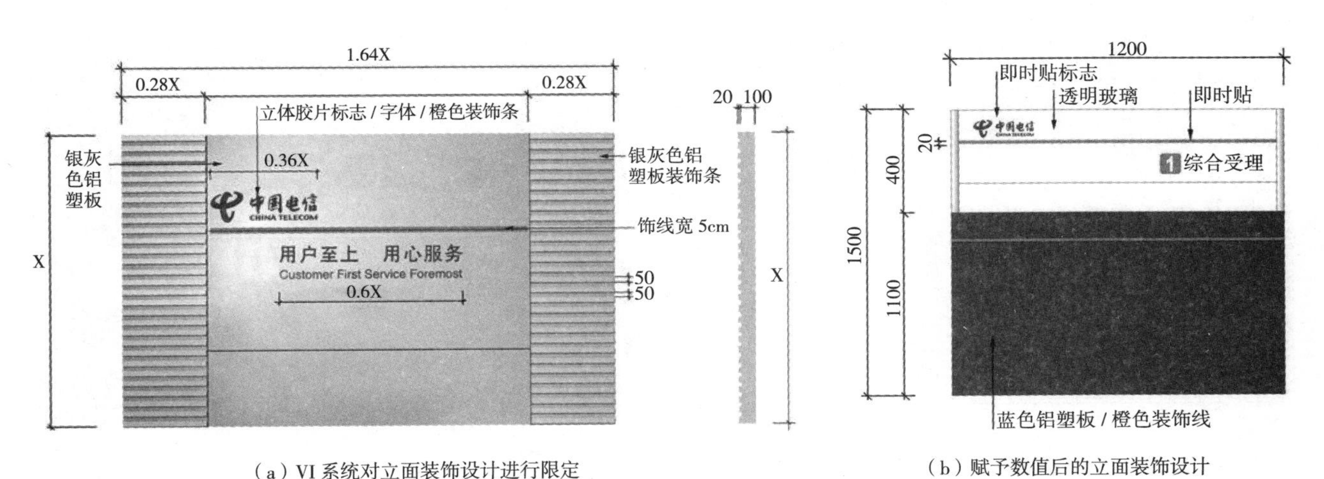

（a）VI系统对立面装饰设计进行限定　　（b）赋予数值后的立面装饰设计

图1–9　VI设计在室内设计中的具体应用

（a）

专卖店设计在满足性价比的基础上，还需要考虑客户的经济承受能力。在不影响效果和品质的基础上要善于控制成本，不要堆砌高档的材料，要运用设计创造出实用、安全、经济、美观的店内环境。这既是客户的要求，也是专卖店设计的经济性原则，如图 1-10 所示。不少小型的专卖店虽然产品知名度不大，租借的店面面积也较小，但根据实际情况来进行装饰，同样可以具有鲜明的特色而被顾客所记住。

4）艺术审美性原则

专卖店设计重视效果，设计的出发点源于美学。其目的是为了营造一种美妙的购物氛围，无论前卫时尚的设计还是怀旧经典的设计都要满足审美的要求，给顾客带来美好的感受。适当的夸张是好的设计手法，但要把握尺度，如果夸张到过于怪诞也许会适得其反。

图 1-10　各种小型专卖店的店面设计

（b）

（c）

店内环境不仅要在物质层面上满足其对实用度及舒适程度的要求，同时还要最大程度地与视觉审美方面的要求相结合。这是专卖店设计的艺术审美性原则。

5）环保性原则

现代设计越来越重视节能与环保，尊重自然，关注环境，保护生态已成为设计理念之一。采用可回收可重复使用的原材料，使用低污染、低噪声的环保装修手法，采用低能耗的施工工艺，使店内环境能与社会经济、自然生态、环境保护统一协调，使人与自然能够和谐相融是专卖店设计中的环保性原则。

6）创新性原则

创新是一切设计的灵魂。专卖店的设计也要注重创新性。专卖店设计属于商业空间设计的范畴，与纯艺术设计不同，纯艺术设计是以艺术家自身的感受为出发点，以引起思索与思考为目的，属于艺术创作范畴。商业空间设计是以满足客户的要求为第一原则，同时兼顾艺术性与经济性，结合技术创新，运用新的展示手法，结合新的经营理念，在空间限制中实现空间创造，这是专卖店设计中的创新性原则。如图 1–11，现在已经有不少商家在产品展示的时候运用虚拟现实技术（VR）和增强现实技术（AR）来进行产品的展示，顾客可以“身临其境”的体验产品的体量、样式、肌理等效果。现在还有些商家将其所有的产品的数据制作成视频、多个角度拍摄成产品实物展示效果图，并开发云系统进行展示，可以在提供产品浏览之余，对不同地区、年龄、性别的客户的浏览进行数据分析，为产品的开发积累数据，如图 1–12 所示。

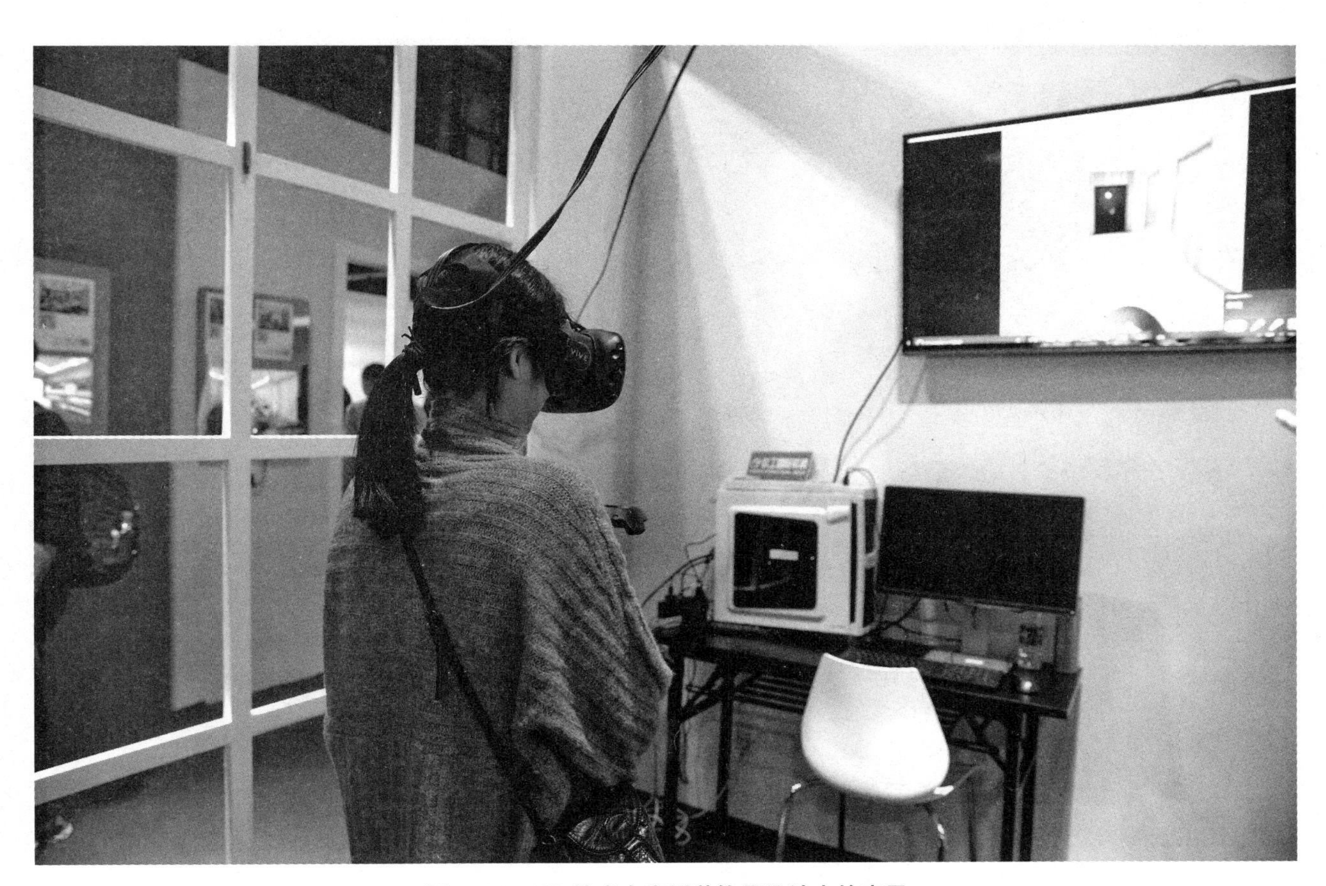

图 1–11　VR 技术在家居装饰品设计中的应用

图 1–12　云技术在建筑装饰材料展示中的应用

第二章　商品的陈列与展示

第一节　商品展示的基本原则

设计师在对专卖店进行设计之前，必须了解该品牌有哪些商品，分多少个系列，最佳的商品陈列与展示的方法有哪些。商品陈列与展示的应遵循以下基本原则：

1. 商品展示的安全性原则

商品在专卖店中展示是以安全性原则为重的，即确保商品放置稳定，不易掉落。

2. 商品展示的易观看性、易选择性原则

人的眼睛在观察事物时有其特定的规律，商品展示要符合人的视觉流动规律。人在购买商品的过程中产生购买意向过程一般是通过搜寻注视商品，对商品产生兴趣，并展开联想，从而产生购买的冲动，在通过比较权衡以后，形成对商品的信任和满意，然后采取购买行为。搜寻、观察和审视商品是购买的第一步，商品展示与陈列必须首先方便顾客的搜寻、观察和审视。

从人体工程学的角度分析，正常情况下人眼是有一定的视觉范围的，如图 2-1 所示。水平方向上最容易观察到的视觉范围在 60° 左右，最佳可视宽度范围为 1.5 ~ 2m；在店铺内步行购物时的视角为 60°，可视范围为 1m 左右，如图 2-2 所示。

在垂直方向，由人的视线角度向下 15° 开始是商品最容易被发现的位置，如图 2-3 所示。在传统的商场与超市，商品展示与陈列要以人的视线流动和视觉范围为依据，把特定的促销商品放到人视线最易发现的位置，达到商品销售的目的。

3. 商品展示的易取性、易放回性原则

在传统的商品展示中，顾客在选择购买商品的时候，一般情况下都会将商品拿到手中，从各

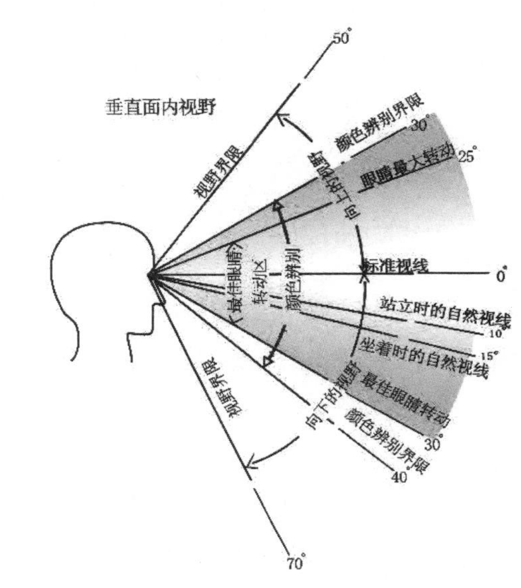

（a）垂直面内视野

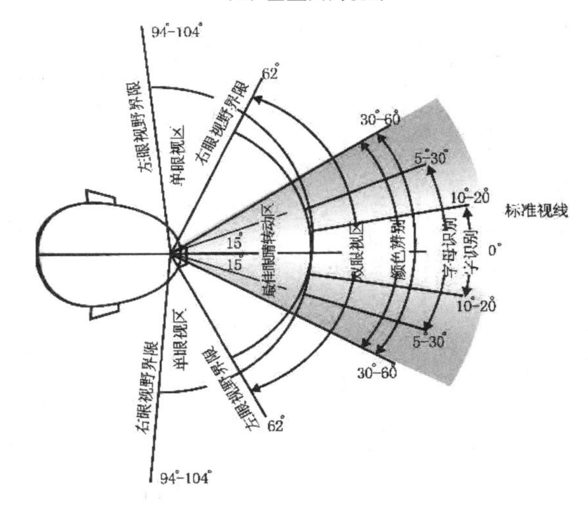

（b）水平面内视野

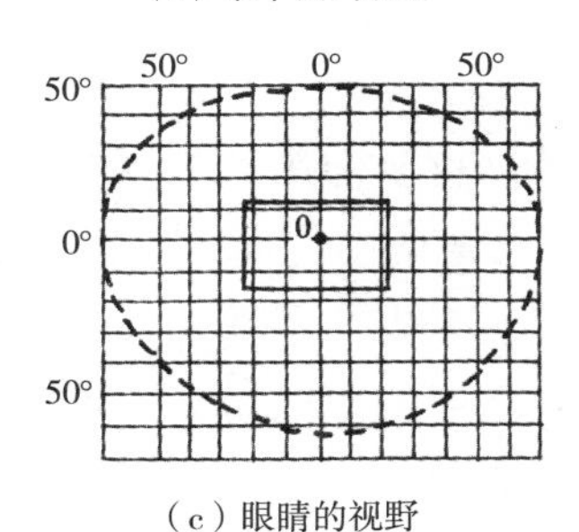

（c）眼睛的视野

图 2-1　人的视野范围

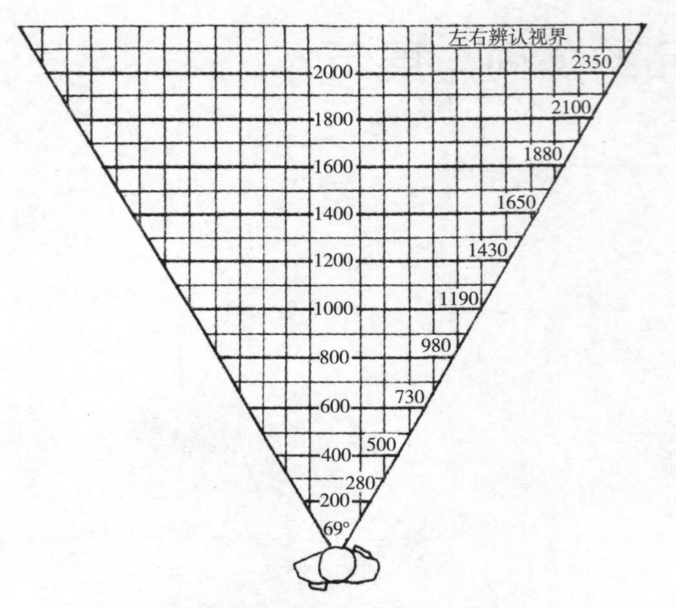

图 2-2　展品陈列与视野关系（水平方向）

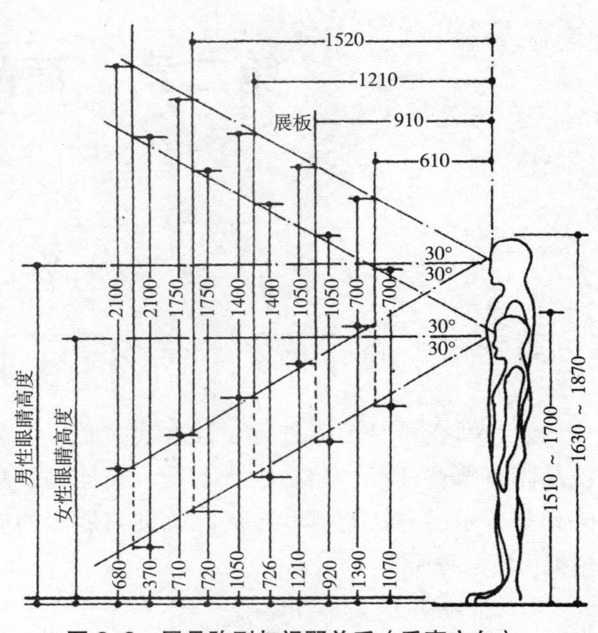

图 2-3　展品陈列与视野关系（垂直方向）

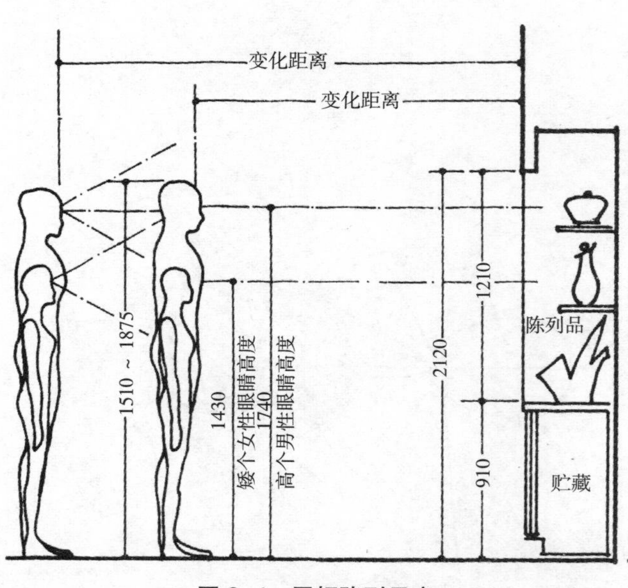

图 2-4　展柜陈列尺度

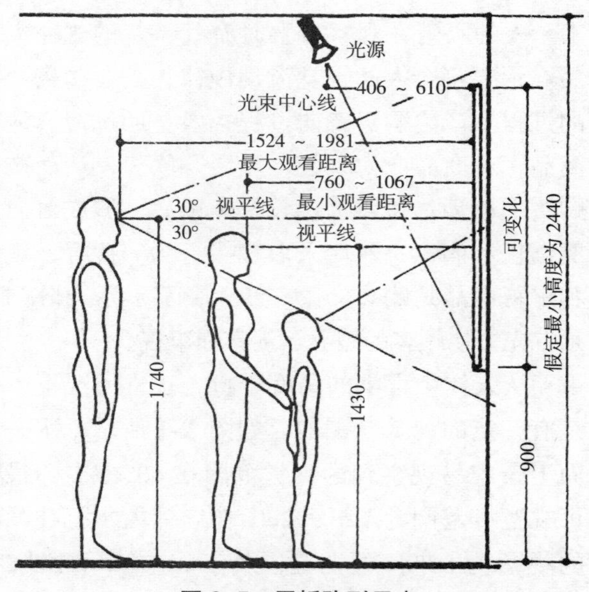

图 2-5　展板陈列尺度

个角度对商品进行全面细致的观察，或者试用以后，确认是自己意向中的商品后再决定是否购买，如果不购买，顾客也会将商品放回原处。所以传统的实物商品陈列一般应遵守商品的易取性和易放回性原则，否则，可能丧失商品售出的机会，如图 2–4、图 2–5 所示。一般情况下，商家都会认真分析与研究商品陈列的位置和状态，如果是货架式的展示，不同货架层面有不同的功能。通常距离地面 1.5 ~ 1.6m 的范围内为黄金层，处在实线的高度，而且触手可及。商家会把利润最高的商品或者要重点促销的商品安排到这一层面陈列与展示，以提高展示的效率，如图 2–6 所示。

图 2-6　专卖店中的商品陈列与展示

（a）

（b）

（c）

（d）

中段为手最容易触及的高度（男性为 70 ~ 160cm，女性为 60 ~ 150cm），这个高度被称为“黄金位置”，一般用于陈列主力商品或超级市场有意推广的商品。

次上端为手可以触及的高度（男性为 160 ~ 180cm，女性为 150 ~ 170cm），一般陈列次主力商品。

次下端同样为手可以触及的高度（男性为 40 ~ 70cm，女性为 30 ~ 60cm），主要陈列次主力商品。一般都是顾客需屈膝弯腰才能拿到商品，所以比次上端较为不利。

上端为手不易触及的高度（男性为 180cm 以上，女性为 170cm 以上），一般用于陈列低毛利、补充性和体现量感的商品，还可以有一些色彩调节和装饰陈列，常用于陈列成箱包装的商品。

下端（男性为 40cm 以下，女性为 30cm 以下），其所陈列的商品基本与上端相同。

4. 环境塑造原则

商品展示与陈列要服从商业空间的整体规划和布局，要致力于营造舒适亲和的购物环境，促进消费者购买意向的产生。对于单件的商品而言，要保持商品的整洁。无论什么情况都不可将商品直接陈列到地板上，要注意去除商品陈列货架上的污迹，保障商品周围环境的清洁；商品的陈列与展示应符合商品本身的特征与季节变化，针对不同的商品与不同的促销活动，设计不同的展示环境和展示方式。通过照明、音乐、灯光等辅助手段渲染购物氛围，或演绎商品使用的实际场量，演示实际使用方法，达到促进销售的目的，如图 2-8、图 2-9 所示。

（a）

（b）

（c）

（d）

图 2-7　专卖店内的商品陈列与展示

（a）

（b）

图 2-8　通过灯光营造购物气氛

（a）

（b）

图 2-9　品牌文化与专卖店的整体环境氛围相统一（一）

(c)

(d)

图 2-9 品牌文化与专卖店的整体环境氛围相统一（二）

5. 提供完整的商品信息原则

商品属性是顾客决定购买前必须了解和观察的基本内容，包括商品的规格尺寸、功能与作用、特点与区别、商品的色彩型号、商品的价格等。商品展示与陈列的目的之一就是为顾客提供商品的详细信息。通过视觉手段提供给顾客的商品信息力求全面，顾客一般通过陈列的商品获得信息，决定购买方向。商品的信息介绍很多时候会分布在专卖店的显眼位置，为顾客挑选商品提供必要的指引，如图 2–10 所示。特别是像漫画书专卖店，商品大小尺寸都非常接近，封面也是色彩斑斓，顾客在店内挑选商品的时候是非常需要有清晰的商品信息指引的，如图 2–11 所示。

（a）

（b）

（c）

（d）

图 2–10　商品其相关信息的展示

（a）

图 2–11　书店内的商品信息指引（一）

图 2-11　书店内的商品信息指引（二）

（b）

（c）

（d）

6. 关联性原则

商品展示的关联性原则是指把分类不同但有互补作用的商品陈列在同一区域，其目的是使顾客在购买一种商品后，能附带购买陈列在旁边的其他关联商品。例如，为了提高收益性，将高品质、高价格、收益性较高的商品与畅销品搭配销售。关联陈列法可以使超级市场的卖场整体陈列活性化，同时也会增加商品的卖点。在日本有很多精品店有卖图案餐巾纸如图 2-12（a）所示，在其附近的展柜上就会有蝶谷巴特胶（Decopodge）同时在销售，如图 2-12（b）所示。这两种产品能把日常家品的表面做上漂亮的图案，改变原有产品的外观，如图 2-12（c）、（d）所示。顾客浏览产品的过程，就会了解这些产品彼此的关联。

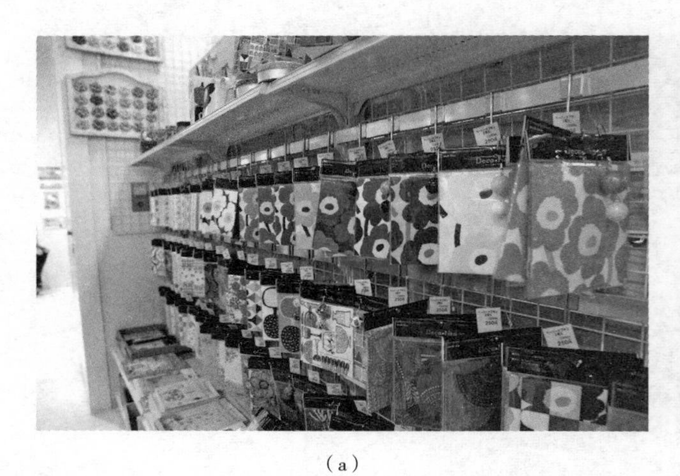

（a）

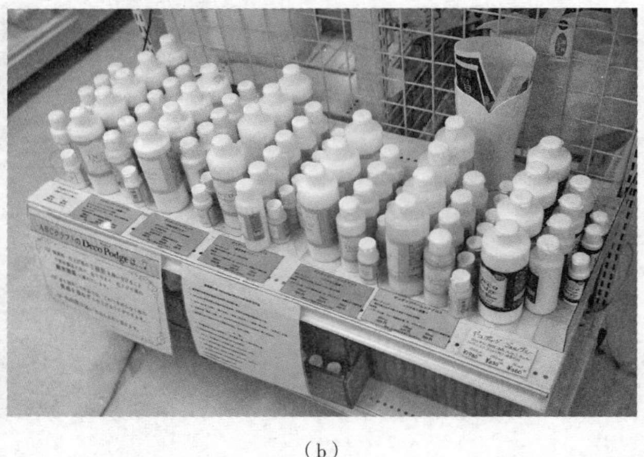

（b）

（c）

（d）

图 2-12　产品的关联陈列与展示

第二节　专卖店商品陈列与展示的技巧

一、商品陈列与展示的要领

（1）隔板的有效运用。用以固定商品的位置，防止商品缺货而无法察觉，维持货架的整齐度。

（2）面朝外的立体陈列，可使顾客更容易看到商品。

（3）商品陈列。商品本身的形状、色彩及价格不同，适合消费者选购和参观的陈列方式也不同。

一般按照以下方式陈列：

① 体积小者在前，体积大者在后。

② 价格便宜者往前，价格昂贵者在后。

③ 色彩较暗者在前，色彩明亮者在后。

④ 季节商品和流行商品在前，一般商品在后。

（4）标价牌的张贴位置应该一致，并且要防止其脱落。若有特价活动，应以 POP① 或特殊标价牌标示。

二、货架的分段方法

上层：陈列一些具有代表性和有“感觉”的商品，如分类中的知名商品。

黄金层：陈列一些有特色和高利润的商品。

中层：陈列一些稳定性商品。

下层：陈列一些较重以及周转率高、体积较大的商品。

集中焦点的陈列：利用照明、色彩和装饰制造气氛，集中顾客的视线。

三、商品陈列的规格化

（1）商品标签朝向正面，可使顾客一目了然，方便拿取，也是一种最基本的陈列方式。

（2）安全及安定性的陈列，可使开架式的卖场无商品自动崩落的危险，尤其是最上层的商品。

（3）最上层的陈列高度必须统一。

（4）商品的纵向陈列，也就是所谓的垂直陈列，眼睛上下移动比左右移动更加自在方便，也可避免顾客漏看陈列的商品。

（5）利用隔板可使商品容易整理，且便于顾客选购，尤其是小型商品，更应用隔板来陈列。

（6）根据商品的高度灵活地调整货架，可使陈列更富变化，并有平衡感。

（7）保持卖场清洁，注意卫生，尤其是食品。

（8）割箱陈列的要点：切口要平齐，否则会给人留下不佳的印象。

① POP 是 Point Of Purchase 的缩写，就是卖点广告。商家通过摆设在店面的以展示商品为主，综合运用展架、海报、吊牌、夸张的实物模型、彩旗等来进行的营销手法。

第三章　专卖店空间设计的要点

专卖店设计从产品品牌核心形象出发，构建立体化的品牌形象体系，为品牌量身定制个性化形象展示方案，全面提升品牌的市场竞争力，达到品牌升值的效果。这立体化的品牌形象设计包括：专卖店外部空间设计（包括外观、门面及照片）、品牌店内部展示设计（货架、展柜、楼梯）等，这些都是形成品牌空间视觉形象的重点部位。

第一节　专卖店外部空间设计

一、专卖店外观设计

专卖店外观的设计是专卖店设计的重要组成部分，同时也是一种时尚，与专卖店内售卖的商品一样，有其独特的个性。由于专卖店的选择有可能是临街的店铺，也有可能是在综合商场内，因此专卖店的外观设计也是多种多样的。有不少设计师的灵感也出自于时尚产品，从他们的作品中可以看出他们对时尚的表达能力——既是个人风格的体现，又是在建筑用地的限制下巧妙的设计。因为专卖店一般是在市中心的黄金地段的商业区，在各种限制下的外观设计应更能凸显个性，也是树立品牌形象的最好表现（图 3–1 ～图 3–3）。

在专卖店的外观设计中，招牌是最重要的部位。招牌发源于传统店铺的幌子，主要作用是对

图 3–1　HI–LO 服装店外观

图 3-2　Novo 深圳万象城店外观

图 3-3　SCFashion 沈阳店外观

商铺所经营的类型加以说明，同时还有宣传的作用，使专卖店更容易被发现和识别。招牌与专卖店的外观是密不可分的，设计时往往要综合考虑两者的关系，如图 3–4 所示。不同体量的专卖店，其店面的招牌都是吸引顾客特别是熟客最重要的要素。

(a) (b) (c) (d) (e) (f)

图 3–4　专卖店招牌设计

二、专卖店的招牌设计

商店招牌在导入功能中起着不可缺少的作用与价值，它应是最引人注目的地方，所以，要采用各种装饰方法使其突出。手法有很多，如用霓虹灯、射灯、彩灯、反光灯、灯箱等来加强效果，或用彩带、旗帜、鲜花等来衬托。总之，格调高雅、清新，手法奇特，另类往往是成功的关键之一。

招牌可以采用分层渗光的设计，营造出特殊的视觉效果；前后两层使用不同的材质和色彩，再加上造型的变化，可以取得不错的效果，见图 3–5。

（a）

（b）

图 3–5　采用分层渗光设计的招牌

(a)

商店招牌文字设计日益为经商者所重视，一些以标语口号，隶属关系和数字组合而成的艺术化、立体化和广告化的商店招牌不断涌现。商店招牌文字设计应注意以下几点：

（1）店名的字形、大小、凸凹、色彩、位置不要妨碍正常使用。

（2）文字内容的描述应与本店所销售的商品相吻合。

（3）文字尽可能精简，又要顺口，易识易记，使消费者一目了然。

（4）不要有错别字。错别字会使可信度和好感度下降。

美术字和书写字要注意可识别性，中文和外文美术字的变形不要太花太乱，书写字不要太潦草（图 3-6）；否则，既让顾客迷惑，费解，又会给制作带来麻烦。

(b)

(c)

图 3-6　招牌上的字体设计

在繁华的商业区里，消费者往往首先关注的是大大小小、各式各样的商店招牌，寻找自己的购买目标或值得去逛的商业服务场所。因此，具有高度概括力和强烈吸引力的商店招牌，对消费者的视觉刺激和心理影响是巨大而重要的。如图3–7所示，日本大阪NU⁺品牌的商店招牌设计各具特色（图3–7）。

（a）

（b）

图3–7 日本大阪NU⁺的两款招牌设计

店名一般是以品牌的名称来命名的，店头的标识一般就是品牌的标识。好的品牌应具备以下三个特征：

（1）容易发音，容易记忆；

（2）能凸显商店的营业性质；

（3）能给人留下深刻的印象。

店名是一种文字表现，商标是一种图案说明，两者相结合才构成了完整的视觉识别。相对于文字来说，图形更容易给人留下深刻的印象，如经典的梅莱德斯奔驰在大阪的专卖店（图 3–8）。标识是专卖店的核心元素，应该经常在许多位置被识别到，比如体现在展示陈列道具上，印在所有的包装纸上，以及视线所及的一些地方。

设计招牌时可以采用多种材质以及工艺来达到体现个性的目的，设计师也非常关注招牌的设计，花在这里的精力也比较多。招牌设计有的侧重白天的效果，采用这类设计的店铺主要是白天经营，表现特征是招牌上灯具少，在材质选择上比较厚重，注重材质本身的质感，细节较少，见图 3–9。

图 3–8　梅莱德斯奔驰大阪专卖店

图 3–9　日本大阪 Loft 专卖店的户外招牌

有的招牌设计注重夜间的效果，强调灯光的装饰作用，运用灯光与招牌的结构相互配合，形成具有特色的招牌形式；有的将招牌的面板进行雕刻，形成带有指示、引导意味的招牌设计，将视线集中到自己身上，达到先声夺人的目的，见图3-10。

图 3-10　灯光与招牌相互结合的店面

图 3-11　灯光与材质结合的招牌设计

同样是采用灯光与材质结合的手法，还可以选择具有肌理效果的装饰材料，比如将面材进行加工，形成“洞洞板”的效果，灯光从小洞里透射出来，见图 3-11。

招牌的应用方式越来越丰富，并已从平面走向立体，从静态走向动态，吸引着过往行人。例如，美国很多连锁快餐店，为了强调店铺的个性，在入口处设置吉祥物塑像并伴以轻松、愉快的广告音乐，受到了顾客的喜爱，见图 3-12。

(a)

图 3-12　立体化的招牌设计（一）

（b）

（c）

（d）

（e）

（f）

图 3-12　立体化的招牌设计（二）

第二节　专卖店内部空间设计

一、橱窗设计

橱窗是专卖店设计的重要组成部分。橱窗与各要素间的关系如下：

1. 橱窗与专卖店的关系

橱窗必须与所在专卖店的内外形式整体统一，布局和陈列风格要吻合。特别是通透式橱窗，必须考虑和整个商店的风格协调，和靠近橱窗的展架之间色彩的协调，见图 3–13。

2. 橱窗与路人的关系

橱窗的设计在考虑行人静止观赏角度和最佳视线高度的同时，还要考虑由远而近和路过橱窗时移步景移的视觉效果。

3. 橱窗与销售活动的关系

橱窗是商店销售动态的预先告知，橱窗的信息传递应该和卖场中的实际销售活动相呼应。所以橱窗的设计应注重传递卖场实际销售信息。

4. 行人视野与橱窗尺度的处理

建筑的层高条件是橱窗尺度的决定性因素。橱窗尺度应根据商店的性质、规模、商品特征、陈列方式等确定。橱窗尺度也受道路宽度因素影响，因为道路宽度决定行人的视野所及和信息呈现尺度。

5. 橱窗设计的基本要求（图 3–14）

（1）在降雨充沛的地方且橱窗临街而置的情况下，台基应高于室内地面至少 200 mm，高于室外地面 500 mm；

（2）可进人的橱窗应设置小门，尺寸不小于 700 mm × 1800 mm；

（3）封闭式橱窗应考虑自然通风处理；

（4）布置橱窗应考虑营业厅的采光与通风；

图 3–13　橱窗的整体风格

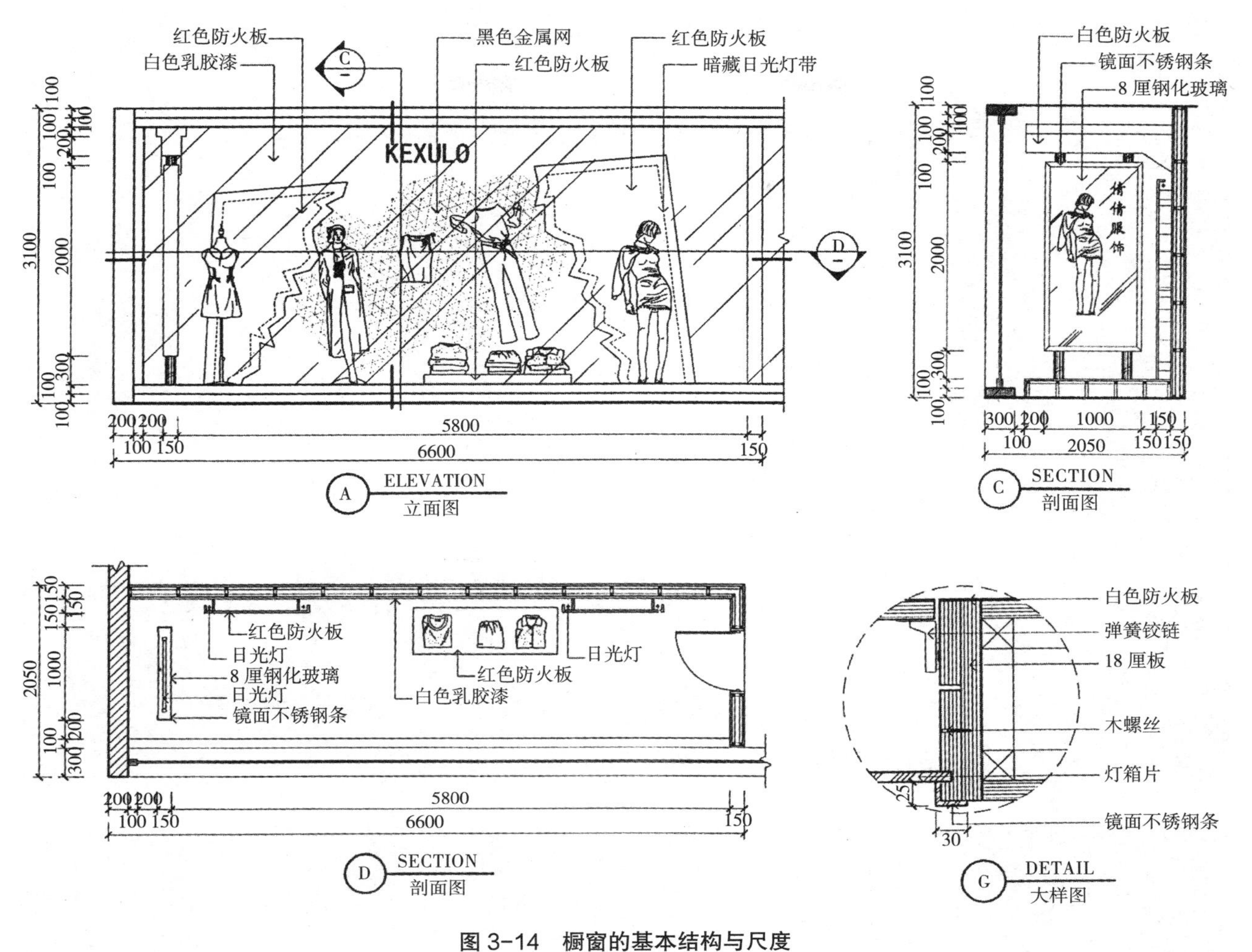

图 3-14　橱窗的基本结构与尺度

（5）采暖地区的封闭橱窗一般不安装采暖设备，但外表应为防雾构造，内壁应为隔热构造，以避免冷凝水的产生。

6. 橱窗设计的定位要求

1）品牌定位

橱窗展示设计可根据商店的品牌进行。品牌是商店最直接的形象识别，而展示样品就是形象识别的实物载体。所以在设计橱窗时，须将展示样品与品牌符号形成关联，构建它们之间的语言关系。立足于此，可以强化样品与品牌关联形象的建立，在刺激过往行人消费欲念的同时，强化品牌的形象植入。

2）产品定位

橱窗中的样品都是某个品牌或商店最具有代表性的产品。围绕产品自身的成分、性能、用途、价值、品质、功效和服务等特性或优点进行设计定位，可以强化过往行人对产品的直接认知，这对于那些追求产品特性的客户来讲是最有说服力的。

3）文化定位

给予橱窗内容以一个主题或话题，可以让过往行人因意趣性的情境产生共鸣，或者让过往行人因记忆的片段产生消费的认同。文化定位往往让橱窗的展示语言显得含蓄。以这种不那么直白但却能激起路人心绪的方式出发，往往能抓住特定类群的顾客，建立长期的消费关系。

无论是基于哪种定位，都必须在定位准确后再对橱窗的空间、照明、色彩和道具进行合理的综合设计，并巧妙运用叙述性手法，以达到刺激行人消费欲念和引导路人进入商店的最终目的，见图 3-15。

图 3-15　各种风格的橱窗设计（以服装专卖店为例）(一)

图 3-15　各种风格的橱窗设计（以服装专卖店为例）（二）

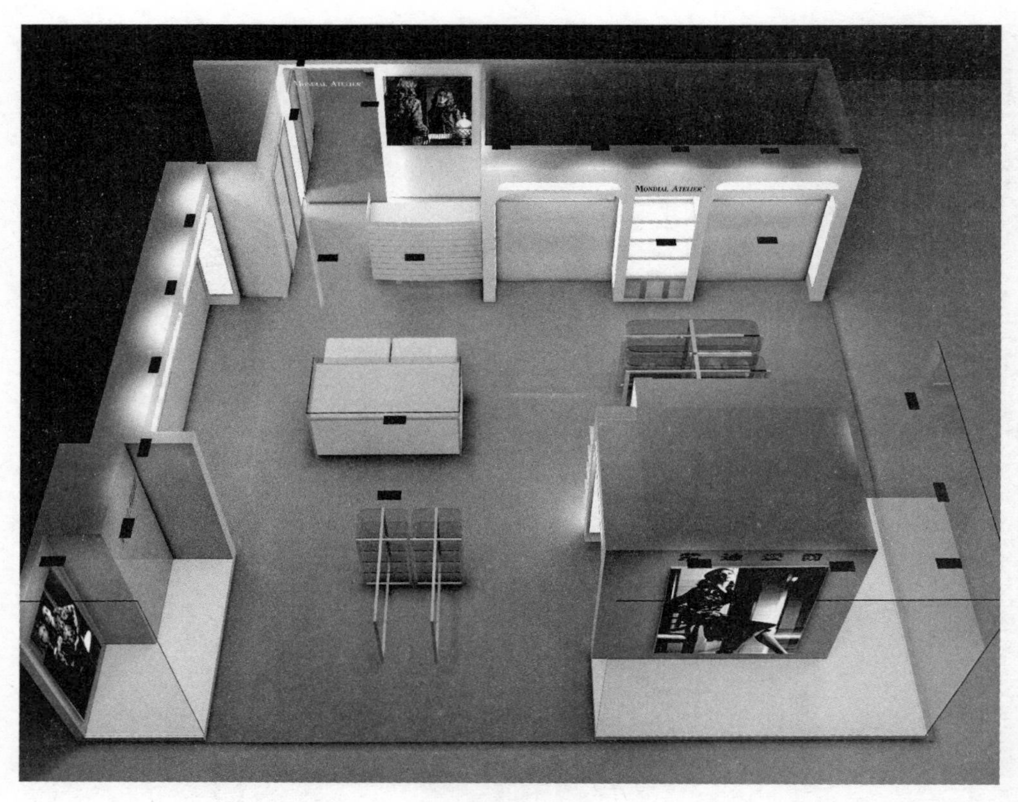

图 3-16 专卖店内各种展具的组合

二、专卖店货架与展柜的设计

展具是展示活动的重要组成部分，是进行展品陈列的物质和技术基础。一方面它具有可安置、维护、承托、吊挂、张贴等陈列展品所必备的形式功能，同时也是构成展示空间形象、创造独特视觉形式最直接的界面实体。它的形态、色彩、肌理、材质、工艺以及结构方式，往往是决定整个展示风格和左右全局的至关重要的因素。因此，展示道具被许多国家列入工业产品的范畴加以制造，特别是在现代展具的形式、形态、材料、结构、加工技术等方面，投入了相当的精力和财力，创造和生产了不少先进的展具。可以说，展具的先进性与否，往往也反映了一个国家展示水平的高低。因而展具的设计与开发，是展示业发展不容忽视的问题（图 3–16）。

展具设计的原则：

（1）展具的尺度要符合人体工程学的要求，在造型、色彩、装饰和肌理方面要符合视觉传达规律。

（2）要有利于展品的陈列和保护，使造型和组合形式能突出展品特性。结构要坚固、可靠，确保展品的安全性。

（3）除一些特殊的展具外，一般应注意标准化、系列化、通用化，要做到可任意组合变化，互换性强，并具有多功能、易运输，易保存的特性。

（4）要注重造型的简洁、美观，不做过多的复杂线脚与花饰，表面处理应避免粗糙、简陋，也要防止过分华丽或产生眩光，整体上应给人舒适感。

（5）要注意结构的简单性和合理性，注意各类连接构件、连接材料的适用性，并多用轻质材料制造，以使生产加工方便，操作容易，拆装便捷。

（6）要注重经济原则。应努力增加展具的使用率，突出坚固、耐用、反复使用、一物多用等特点。尽可能少做一次性的展具，降低成本。

展具的形式多种多样，凡能对展品起到承托、围护、吊挂、张贴、摆靠、隔断、指示方向及说明展品等作用的都属于展具。其分类的方法也不尽一致。若按标准化程度分，有标准化展具组合系统与非标准化展具系列；若按材质分，有分别以木材、金属、人工合成材料等为主要材料构成的展具；若以结构方式分，则有梁架类、网架类、积木类、帐篷类、充气类、壳体类；若按安装使用方式来分，有整体式、拆装式和伸缩式等；若按功能要求分，有展架类、展板类、橱柜类、屏障类、台座类、装饰织物以及五金零件类。这里，我们按功能分类就几种主要类型作以下介绍。

1. 展架类

展架是展示陈列用得最多的形式之一，见图3-17。早期多为固定式，即便是可以拆装的展架，也大多采用钩挂或螺钉加固的形式，既费力又不美观，现已逐渐被淘汰。现代新型展架多遵循展具的可拆装性和可伸缩性原则，强化了功能的多样性。不仅能方便随意地搭构组合成所需的格架、展墙、屏风、摊位，也可以构成展台、展柜和顶棚以及各种立体空间造型。在材料方面，多采用铝锰合金、锌基铝合金、不锈钢型材、工程塑料、玻璃钢等。

图 3-17　服装店内的展架

2. 展板类

展板在展示活动中运用较广，其功能不仅可构成贴挂展品的展墙，也可同标准化的管架构成隔断、屏风以及围合的空间界面。除一些特殊的展板外，大多数展板遵循标准化、规格化的原则，大小变化按照一定的模数关系裁剪，不仅可以兼顾材料和纸张的尺寸，以降低成本，还方便布展以及运输和储存。

按照模数的要求，一般常用的展板尺寸有60cm × 90cm，60cm × 180cm，90cm × 180cm，120cm × 240cm，240cm × 240cm 等多种规格。根据功能要求，可以利用这些不同规格的展板或镶嵌在标准化展架上，或直立在地上，或吊挂在展墙上，以构成各种形式的展板。用作隔墙的展板，尺寸可稍大，如宽度可从 15 ~ 240cm、长度可从 240 ~ 360cm 不等。

展板在展示中的连接组合，多采用体积小且结构简单的组合连接构件，既方便于储放搬运，又便于安装操作。

3. 橱柜类

橱柜是陈列小型贵重展品的重要展具。主要能起到保护和突出展品的作用。通常有高橱柜、低橱柜、布景柜等。高橱柜尺寸的一般高度为 220 ~ 240cm，宽度为 80 ~ 120cm，厚度为 30 ~ 60cm 不等。矮柜尺寸通常为高 105 ~ 120cm（斜面柜高 140cm 左右），柜长为 120 ~ 140cm、厚度为 70 ~ 90cm。

展柜的结构有固定式、可拆装式和折叠式。固定式结构多为博物馆等专业性、常设性的展示所用。拆装式、折叠式多为周期性、短期性的活动型展览使用。另外，布景柜也是一些常设性展示且多用的陈列形式。它只供一个方向观看，类似橱窗的龛橱式展柜，内部可以设置各种场景，使展品呈现在一个类似“真实”的环境中，见图3-18。

图 3-18 珠宝类专卖店的展柜设计

4. 展台类

展台是承托展品实物、模型、沙盘和其他装饰物的重要展具。小型的展台类似积木（也称堆码台），多被制作成正方体、长方体、圆柱体等几何形体。其特点是灵活性和机动性强，通过多件积木在前后、左右、上下等不同位置上的配列和叠摞，可得出新的展台效果。积木的设计要注重各积木在大小尺寸上的模数关系。如方柱体，平面尺寸有 20cm×20cm，40cm×40cm，60cm×60cm，80cm×80cm，100cm×100cm 等。同时，在形式上可制作成复合体式，例如正方形或长方形套箱式积木、圆柱形套筒式积木等。这不仅易于在组合使用时容易陈列，同时又便于存放、搬运，节省空间。在陈列中，一般是较大的展品使用较低的展台。小型的展品则用较高的展台（图 3-19、图 3-20）。

大型展台除了用小型积木组合构成之外，也可以根据具体的需要进行特殊设计。例如展示汽车等大型展品时，最佳的办法是采用旋转展台。观众只需站在一个固定的位置，通过旋转展台的转动，多方位地观看展品，取得多元的视觉效果。另外，像一些大型的国际服饰展览会，常常要在展区设置时装表演用的展台，以通过人与展品的融合，最有效地展示场所的空间可容性（包括 T 形台面和观众围合所需的空间），在搭建的材料、结构、工艺以及强度上，应确保表演者来回走动的安全需要。

5. 人体模特支架类

严格地说，人体模特支架也属于展架类展具的范畴，但由于专用于服装展示，并有着一般展架无法替代的陈列效果，故而是展具中颇具特殊魅力的类型。可以想象，缺乏模特支架的时装陈列，会使展示大为逊色。从本质上看，服装是一种立体化、伸缩性大、可塑性强的商品，其款式、色彩、质地、尺寸、工艺质量等特性必须通过展开后的立体状态，才能最有效地展现出来。以模

（a）

（b）

图 3-19　电子产品的展台设计

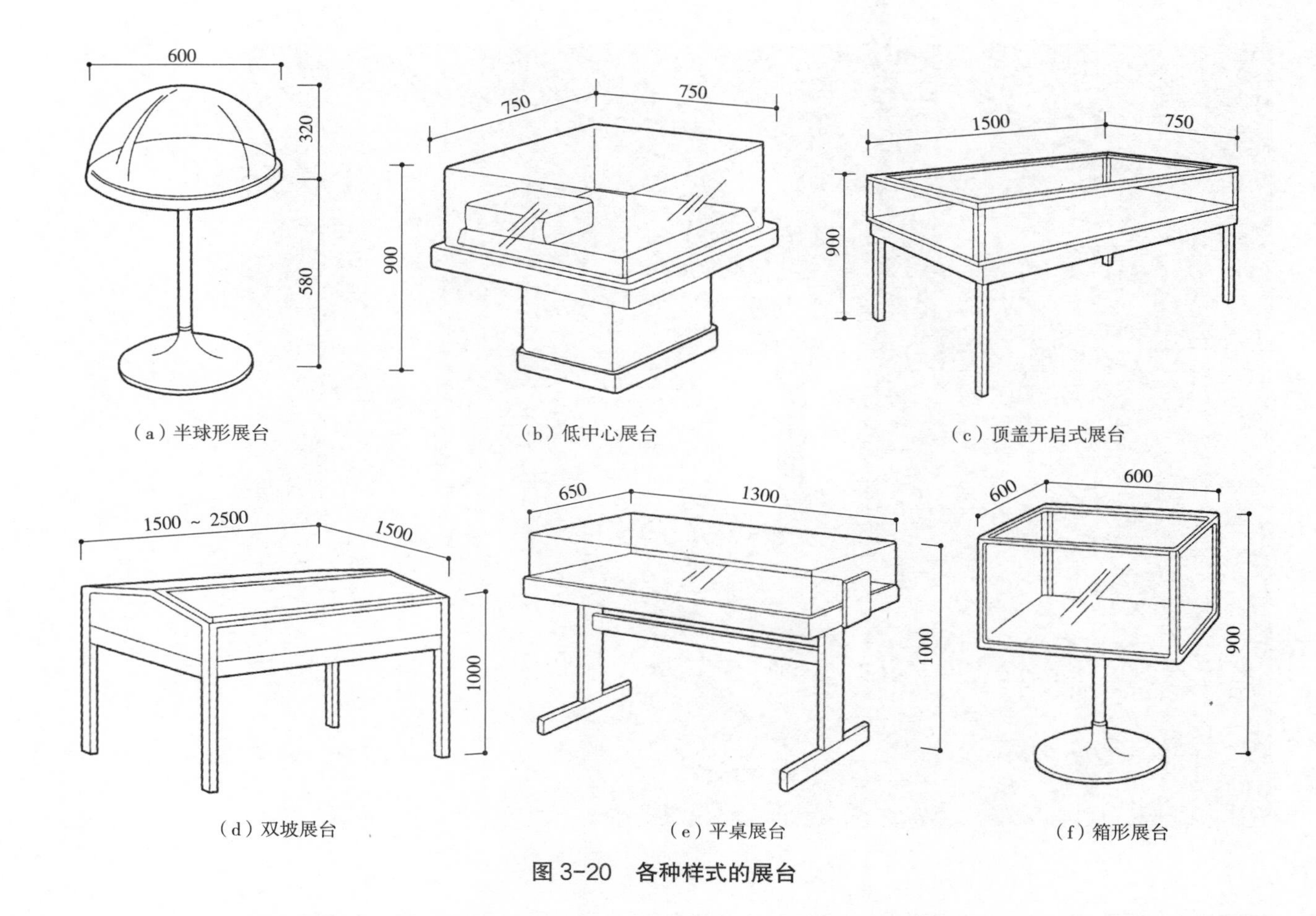

（a）半球形展台　（b）低中心展台　（c）顶盖开启式展台

（d）双坡展台　（e）平桌展台　（f）箱形展台

图 3-20　各种样式的展台

特支架代替人穿着，不仅可全方位地展示服装的各种特征，具有“人性化”（动作、动态、情态、性格）的一面，也会使展示更有“人情味”，具有强烈的艺术感染力。

人体模特支架的形式一般可分为三种，即具象性模特支架、意向性模特支架和抽象性模特支架。

（1）具象型模特支架

具象型模特支架几乎与真人完全一样。头、毛发、眼睛、身体四肢等制作得十分逼真，动作、动态也十分生动，可仿真人做出站、立、坐、卧等各种微妙的姿态，有的还被制作成富有个性和性格的样式，如靓男型、美女型、青春派型、主妇型、绅士型等。身材一般被设计成适合用新潮、流行时装的体形。用这种模特儿展示时装，亲切自然，真实感强，有时甚至达到以假乱真的程度，常常能营造出某种戏剧性、情景化的场景，引人入胜，意趣无尽，如图 3-21 所示。

图 3-21　具象型模特支架

（2）意象型模特支架

整个造型与真人相同，但不像具象型模特支架那样有近乎真实的眼睛、毛发、肤色，而是采取概括、同一的手法，舍弃真实的色彩、质感，将身体的肤色多涂成全黑、全灰、全白等颜色，整个形体更为意象化。该模特支架在服装展示中运用极广，其展示效果给人简洁、单纯，富有时代气息和趣味性之感。绘画艺术中有句俗语，即“太似则媚俗，不似则欺世，妙哉似与不似之间”。意象型模特支架犹如艺术中的夸张、变形，通过黑或灰的肤色，无毛发、无眼睛的形态，将模特儿意象化、简洁化，使顾客视线多停留在具体商品上，突出了商品的视觉印象。这种模特支架的姿态也可任意变化，给人以自由、活泼的感觉（图 3–22）。

（3）抽象型模特支架

抽象型模特支架的躯体基本构架仍较符合人体的比例尺度，但其露在外面的身体部分却大多采用自由变形的形式，即抽象化、异形化的形态。如头变成长方体、椭圆体，手变成棍棒形、锥形，下肢变成三角形、柱形等。有的身材比例也被故意夸张，颈部和手腿较细长，脸部和手脚的细节被部分切割或省略。这种模特支架多半用于颇具个性的时装展示，如用于展示泳装、内衣、内裤等商品。另外，还有一种诸如板型或完全支架化的形式，大都失去了正常人体的感觉，顾客只能通过联想来认识和感受商品在真人穿着时的情形（图 3–23）。

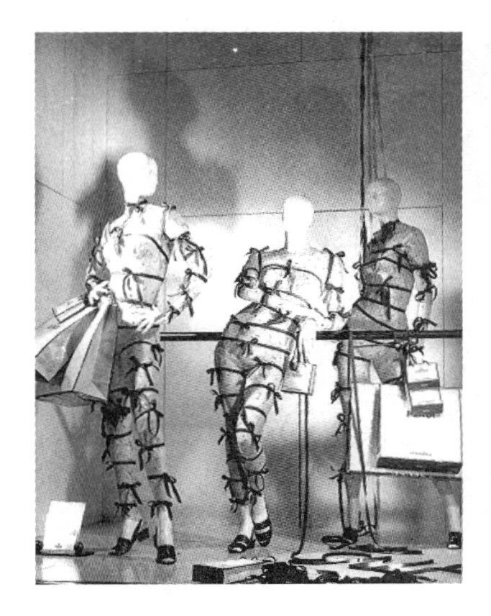

图 3–22　意象型模特支架

图 3–23　抽象型模特支架

人体模特支架一般具有关节和肢干扭动灵活，可变换姿态，便于组装、拆卸和具体布置的长处。从制作材料来看，有塑料、金属、木质、石膏、织物等，一般都由专门的模特支架生产商经营出售。

6. 屏障类

屏障类包括屏风、帷幕和广告牌等形式，用于分割展示空间、悬挂实物展品、张贴文字图形以及分散人流等方面，是展示中不可缺少的展具。

屏风按其结构可分为座屏、联屏和插屏等形式，每类又可以分为隔绝式和透空式两类，见图3-24。屏风的高度一般为250 ~ 300cm；联屏式的单片宽度为90 ~ 120cm，可根据需要用数个单片连接而成不同宽度的屏风。

帷幕具有伸缩性大、可塑性强的特性，用在展示中不仅可起到围合、阻隔空间的作用，其变化丰富、灵活多样的造型，可装饰、美化空间。其柔软性的一面，能给人一种亲切、舒适的感受。

广告牌具有传递信息的功能，也能起到阻隔空间、划分场所以及装饰环境的作用。其造型多种多样，尺寸可大可小，是展示空间中常用的特殊展具。

(a)

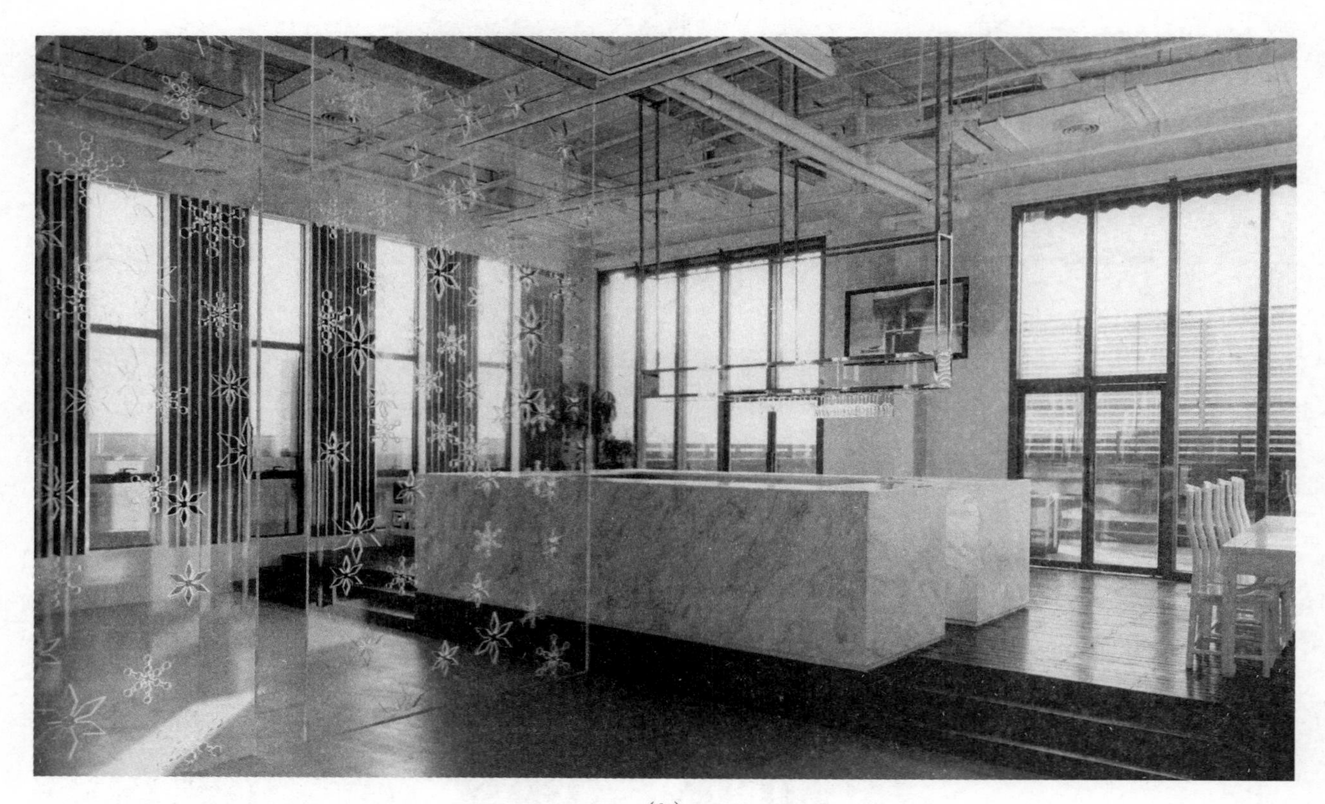

(b)

图 3-24　透空式屏风在专卖店设计中的应用

第四章　专卖店设计作品赏析

实例一　巴塞罗那 Pilar 故事玩具店

巴塞罗那的 Pilar 故事玩具店是一家专门销售儿童书籍和用品的零售店，占地面积约 $170m^2$，包括一个地下室。店内的设计充满了魔力和惊喜，就像是在讲述一个关于儿童的故事；店内色彩斑斓，所有的这一切都在为人们展现一个想象中的完美世界。店内充分利用多种元素，以达到增强环境效果的作用。设计师的目的是为孩子和大人们带来一个崭新的世界。

图 4-1　故事玩具店店面

商店的第一眼就会被店面的外墙吸引，设计师采用了玻璃和圆形的结构设计。这些能够吸引目光的元素，更容易吸引消费者进入店内。顾客通过圆形的门来到这个梦幻世界，就像童话故事中《爱丽丝镜中世界奇遇记》一样。大量的色彩应用增强了室内的梦幻感。设计师使用具有现代气息的流畅曲线，拉伸扩大了店内空间，营造了儿童般的空间气氛，同时兼具优雅的气质。这个玩具店是一个新形式的购物体验空间，它的设计不同于以往任何玩具店的设计，而设计师也的确为顾客营造了一种全新的体验，让玩具店更充满魔幻的魅力。值得一提的是，店内所有的展具和家具都是为本设计专门打造的，使产品的展示更显个性。

图 4-2　故事玩具展柜组合

图 4-3　故事玩具店内部空间

图 4-4　故事玩具店周边产品展区

图 4-5　故事玩具店周边产品展

图 4-6　故事玩具内部空间

图 4-7　故事玩具产品陈列区

实例二　巴黎 Kenzo 香水店

这是为 Kenzo 香水设计的店面，它是法国的一家香水化妆品公司。店面位于巴黎 Printemps 百货公司。这个室内设计将用于 Kenzo 在全球 80 个国家的 250 个专卖店。它虽然是法国的品牌，但是却发源于日本。它的产品以优雅与柔和著称，因此设计师想以这两点作为店面设计的基本元素。首先，设计师拆分了 Kenzo 的 LOGO，并将这些拆分出来的元素任意组合；同时设计师还运用了鸟巢，并将鸟巢的树枝全部打乱用于室内墙面等装饰。这些包含了 Kenzo 在许多年来谨慎经营的品牌形象，同时也加入了灯光和阴影的图像。设计师选用喷成白色的钢，里面嵌入了黑色的木板，达到增强色彩与材料的反差效果。

图 4-9　香水店立面细节

图 4-8　香水店立面设计

图 4-10　香水展台（1）

图 4-11　香水展台（2）

实例三　东京 24 ISSEY MIYAKE 专卖店

东京 24 ISSEY MIYAKE 专卖店位于日本东京新宿的高岛屋百货内（Takashimaya），所出售的每一款服装都有 20 种颜色可供选择。这些颜色各异的衣物在白色背景的衬托下如同彩虹一般令人赏心悦目。虽然从整体上看，产品的数量不多，然而由于这些衣物每两个月全数更新一次，产品线既涵盖了三宅一生所设计的经典系列，也有只为这家专卖店设计的“本店限定”。当所有衣物被更换时，店内的环境就会大变样，因此不断地给顾客带来新鲜感。

图 4-12　专卖店形象墙设计

图 4-13　专卖店展台

钢制货架是这家专卖店的一大特色，由于没有设置库存空间，所有产品都陈列在货架上。为了突出衣物丰富的色彩及种类而又不至于因此产生凌乱感，设计师以极简洁的纯白色对货架进行喷涂，且它们全部由直径 7mmd 钢杆制成。这些钢制的货架在式样上五花八门，有栅格的矮柜、阶梯状的陈列台、几何线条的衣架以及鸟笼状的凳子，所有这些都是针对 24 ISSEY MIYAKE 品牌而特别设计的。

图 4-14　中心展台的产品陈列

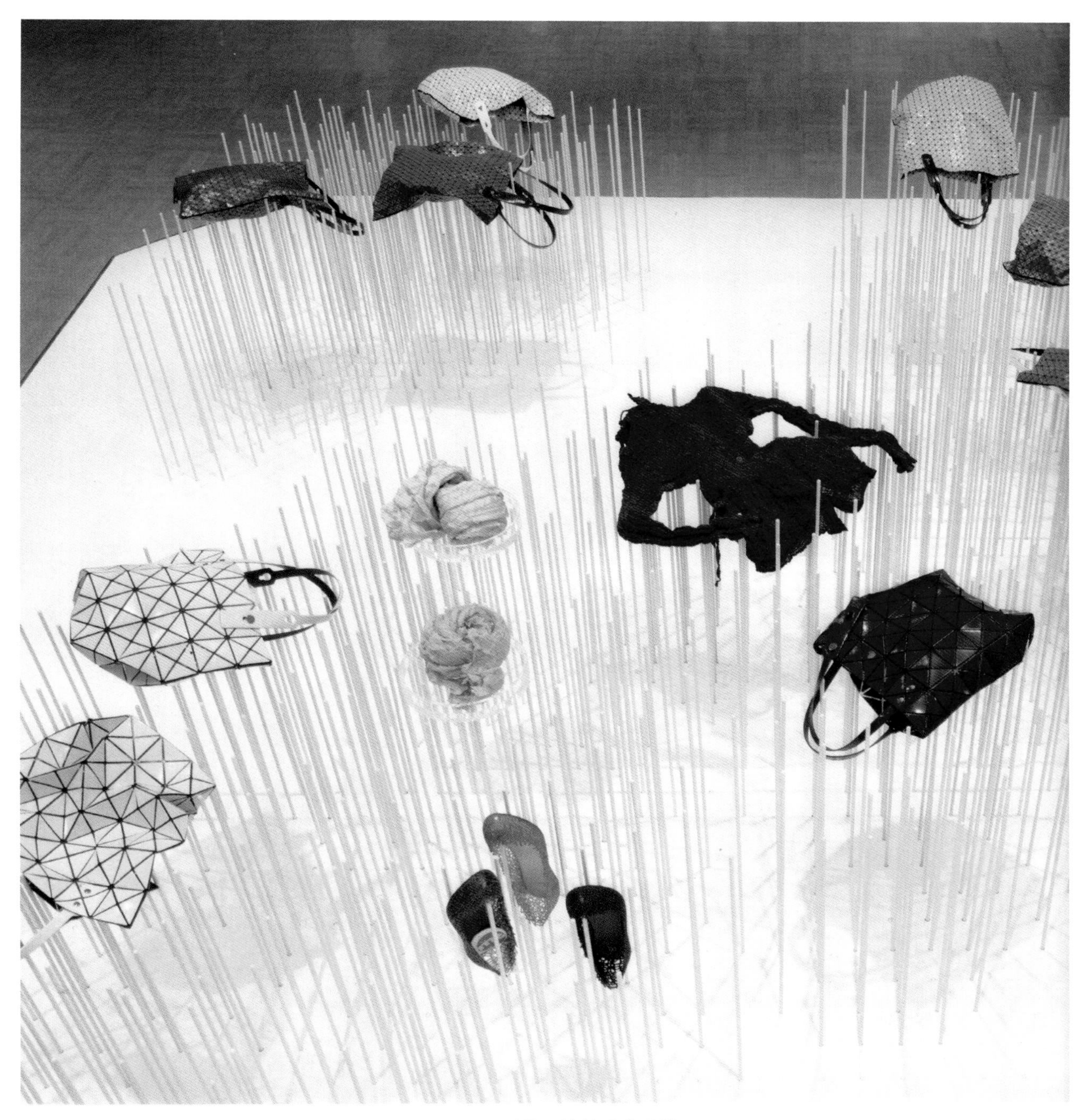

图 4-15　别具一格的展台设计

实例四 北京 Map by Belle 专卖店

Map by Belle 希望将旗下十几个品牌分为五个区域陈列。分别是“高档女鞋区”、“商务休闲区”、“职业女性正装区”、“时尚青春区” 和 “户外休闲区”。

设计方案主题是如何让消费者深切感受到空间的魅力，因此店面设计极具视觉冲击力及变化，并且能将设计理念和品牌价值转化为一种有特色的视觉语言。设计师赋予了整个空间以东方五行的主题。五行学认为金、木、水、火、土是构成物质世界所不可缺少的基本物质，基于这五种最基本物质之间的相互制约的运动变化而构成了物质世界。五行的平衡在某种意义上对零售行业有着潜移默化的作用。同时，金、木、水、火、土很生动地诠释了 MAP 五个区域的内涵，从而开启人们去思考人与自然的和谐相处之道。

金：高贵、复古、时尚的高档精品区；木：中心，舒适商务休闲区；水：平静、内敛、干练的职业女性正装区；火：热烈，有朝气，时尚青春区；土：接近大自然，户外休闲区。

设计师用活跃优雅的弧形线条将平庸的空间重新分割组合，这种巧妙的划分加强了每个区域的展示面。多元化的商品分布于多种空间中也增强了顾客的接触欲和购买欲。顾客时而似乎看到了空间的尽头，时而又因为分区的合理性而处在相对独立的空间，有效地激发了顾客的探索欲和好奇心。整个空间既显得刻意安排，又显得随意自然。人流随着空间自由流动和停留。

图 4-16 专卖店门面

图 4-17　专卖店展台组合

图 4-18　专卖店展台细部

图 4-19　专卖店中心展台

图 4-20　专卖店前台和形象墙

图 4-21　专卖店展台

实例五　东京 PUMA HOUSE

东京 PUMA HOUSE（新彪马房子），位于东京市青山区。它是一个多功能的空间，可用于举办展览、配件、产品发布和其他媒体活动。

设计师借助现有的阶梯，巧妙利用它的可攀登性，营造出犹如人们身处葡萄架下般的空间环境。这里阶梯的功能是展示 PUMA 的运动鞋，并作为构成元素，塑造空间的特殊字符。它产生的视觉印象强烈地提醒人们：人们每天都在上下楼梯。这里给人们一个可视化的平台，暗示 PUMA 与体育运动的重要关系。

图 4-22　形象墙

图 4-23　阶梯状展台

图 4-24　展台

图 4-25　阶梯状展台

图 4-26　阶梯状展台

图 4-27　室内一角

实例六　巴黎 Hermes 专卖店

该店是专卖奢侈品的专卖店。销售的商品风格统一，但数量不多。设计者在该专卖店的设计上更多的是运用空间设计的变化以及装置艺术设计凸显其与众不同。该设计是由游泳池改造而成。设计者将楼梯直插入原有的水池和下一楼层。楼梯栏杆由木片编织而成，扶手上装饰有牛皮。梯级和水池地板采用人造花岗石（水泥加石块，大理石块和珍珠质），水池内安装有三个壮观的巢。

建筑结构轻盈，室内空间宽敞（每个面积 $70m^2$），层高 8 ~ 9m。中庭通过三块巨大玻璃幕墙进行自然采光。周围则有 12 根巨柱支承走廊。木制的巢并没有给人局促的感觉，在巢与巢之间穿插很容易，而每一个巢都会给人一种温暖的感觉，这就是这家店的主题——家。

图 4-28　专卖店全景

图 4-29　专卖店展台组合

图 4-30　专卖店全景

图 4-31　专卖店休息区

图 4-32　专卖店楼梯部分

图 4-33　专卖店展台与休息区

实例七　中国手工艺品杭州店

中国手工艺品杭州店是由中国华润零售（集团）有限公司在国内建成的最新旗舰店。它提供一系列精品古董和一批新颖的珠宝饰品，旨意在于增强复兴中国艺术的观念。

其所采用的室内设计理念是，通过一种精妙的方式综合当前中国的美学元素来设计品牌标识。购物区是一个大的“木制珍藏盒子”，包括不同类型的品牌礼品。不同大小的框架、格栅、盒子构成了店面，并且迎合了不同的展示需要，与室内产生了视觉连接。

地面和顶棚是棕色的，墙面是木制的。墙上有打着灯光的不同大小的嵌壁式展示橱窗，用来展示精美的商品。

为了衬托室内场所的方形结构，沿直线设计了两个关键区的展示和照明系统，并用中国书法指示。这两个关键区都采用了2D和3D的展示方式。该零售空间从美学和功能两个层面来展示，并处处体现出中国特色。

图 4-34　店面外观

图 4-35　店内展台与橱窗

图 4-36　店内部空间

图 4-37　店内展台与橱窗组合

图 4-38　店内部空间

图 4-39　店内部陈设

图 4-40　展台

图 4-41　橱窗

图 4-42　店内一角

实例八　李维斯柏林概念店

李维斯柏林概念店由设计师 Plajer& Franz Studio 设计。它是一间很小的店面，设计此店面需要面临的挑战是柏林时装周开幕之前必须完工，而距离开幕时间只有 5 周的时间，而且最重要的是店面设计的预算很少。

设计师将旧有的窗户以及窗框重新设计成栏杆的形式，用于悬挂衣物。老式的暖气散热片用于商品的展示，形成店面内部的中心，同时连接了店内的两个房间，更衣室和收银台用以前的门板搭建而成。

通过使用旧有的建筑材料，营造出古典与现代感相结合的店面外观，充分展示了柏林文化。

图 4-45　更衣室

图 4-43　店面外观

图 4-44　内部空间

图 4-46　展柜与展架组合

图 4-47 展柜

图 4-48 粗犷的展柜设计

图 4-49 内部空间

实例九　华沙 Zuo Crop 服装店

本案是独立服装品牌“Zuo Crop”的一个临时店面，仅由两个相连的集装箱改造而成。虽然外部条件很局限，设计师却利用自己神奇的想象力和卓越的设计才能，给外表看起来毫不起眼的集装箱里面建造出一个奇幻的空间，让客户得到类似爱丽丝梦游仙境的美丽冒险体验。

仅仅 $27m^2$ 的空间划分为 3 个不同的功能区，一个长宽各 4.5m 的主展区，一个小型的仓储室和一个小更衣室。因为顶棚很低，只有 2.2m，为了让空间的封闭感消失，设计师用镜面代替了墙体

图 4-50　服装店全貌

图 4-51　镜面、黑油毡、LED 灯组成的销售空间

和顶棚，镜子的对称与反射放大和延伸了整个空间。地面上覆盖着黑油毡，与镜面形成了良好的呼应关系。更衣室和仓库的门隐藏在镜面里。更衣室内部用黑布作衬，门上也镶着镜面，顾客无需走出更衣室便能清楚地看到自己完整的镜像。

店内所有内墙的边缘都被LED灯的条纹所覆盖，这样使得镜面和LED灯光强烈结合，让房间看起来具有空间感，强调了无限空间的错觉。服装、灯光、人和地板都反射在镜面里，使顾客感觉在这个无限的空间里，自己才是真正的王者。从任何一个角度来看，顾客的全新造型都能在镜面里得到体现和升华，而这也是本案的惊艳之处。

图 4-52　由集装箱改造而成的门面

图 4-53　服装店内部空间

第五章　专卖店施工图范例——广州市北京路西铁城旗舰店

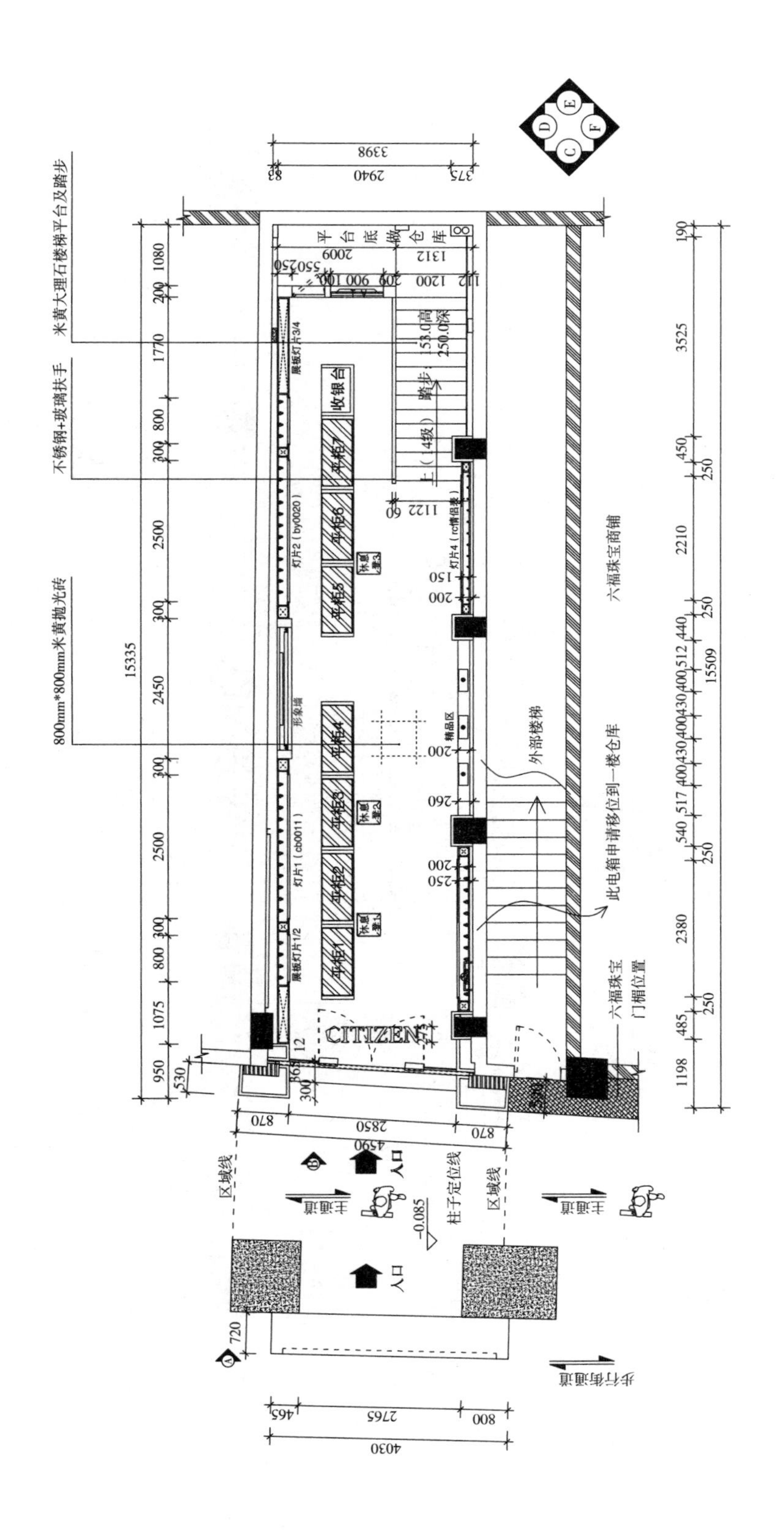

一层平面布置图　1：××（单位：长度 mm；标高 m；该项目同）

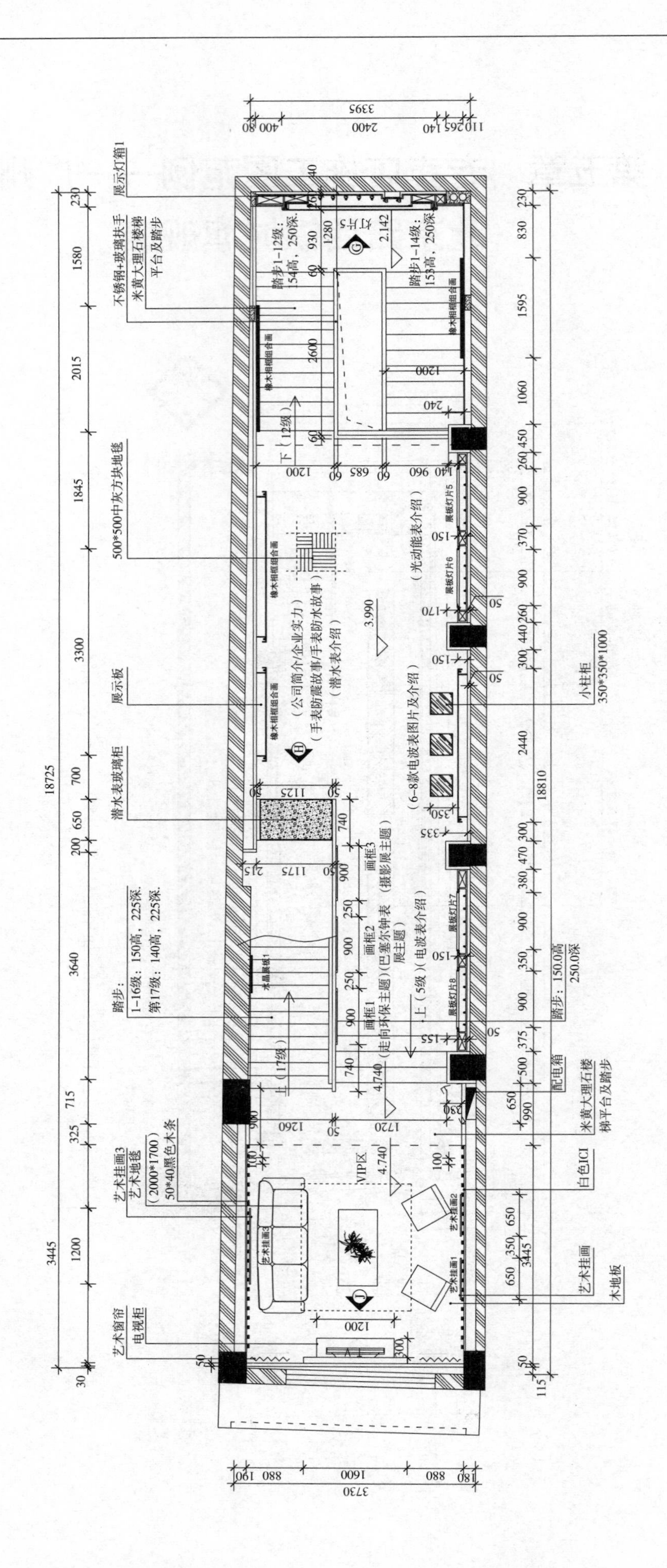

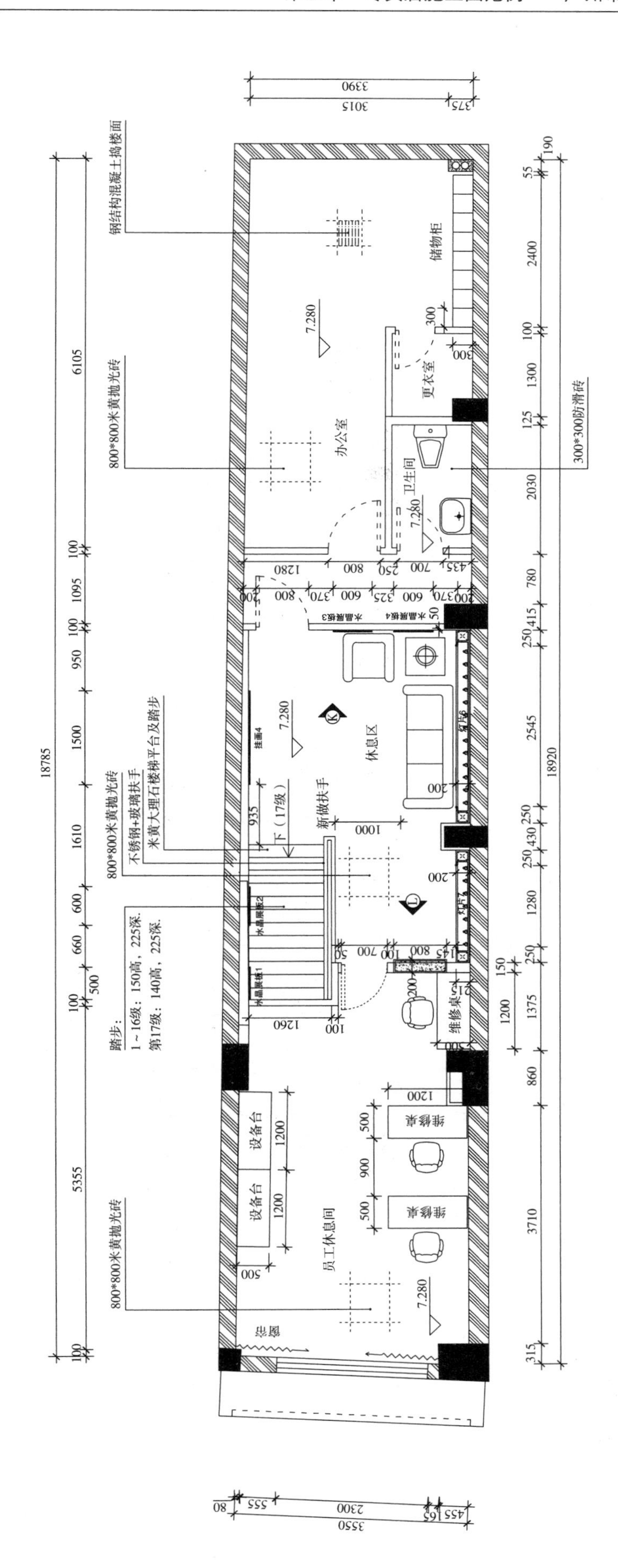

砖墙
实柱
包柱
钢结构混凝土捣楼面
800*800米黄抛光砖
300*300防滑砖
储物柜
更衣室
办公室
卫生间
休息区
新做扶手
下（17级）
不锈钢+玻璃扶手
米黄大理石楼梯平台及踏步
踏步：
1～16级：150高，225深
第17级：140高，225深
维修桌
设备台
员工休息间
18785
18920
3390
3550

三层平面布置图 1：××

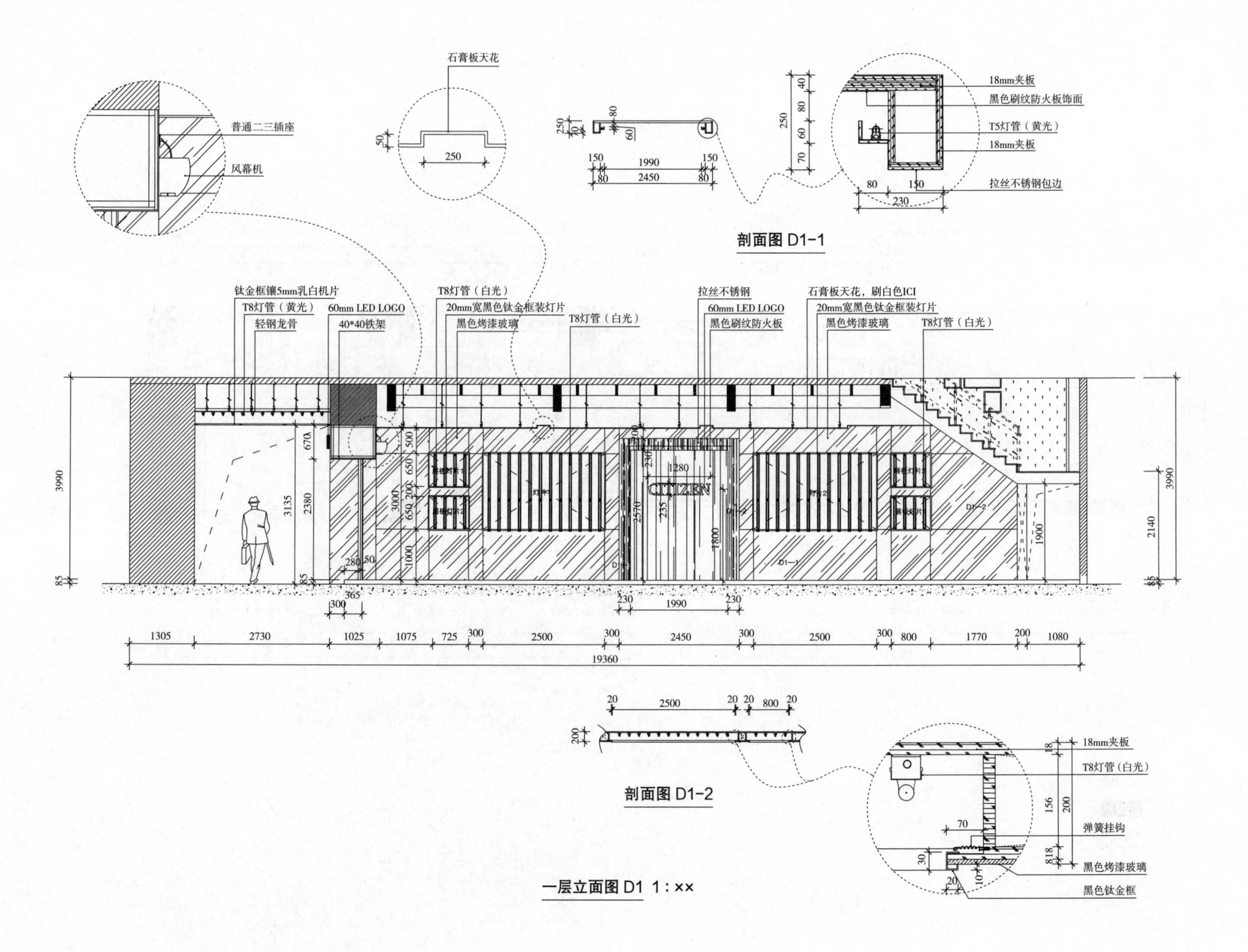
普通二三插座
风幕机
石膏板天花
18mm夹板
黑色刷纹防火板饰面
T5灯管（黄光）
18mm夹板
拉丝不锈钢包边
剖面图 D1-1
钛金框镶5mm乳白机片
T8灯管（黄光）
轻钢龙骨
60mm LED LOGO
40*40铁架
T8灯管（白光）
20mm宽黑色钛金框装灯片
黑色烤漆玻璃
T8灯管（白光）
拉丝不锈钢
60mm LED LOGO
黑色刷纹防火板
石膏板天花，刷白色ICI
20mm宽黑色钛金框装灯片
黑色烤漆玻璃
T8灯管（白光）
CITIZEN
剖面图 D1-2
18mm夹板
T8灯管（白光）
弹簧挂钩
黑色烤漆玻璃
黑色钛金框
一层立面图 D1 1：××

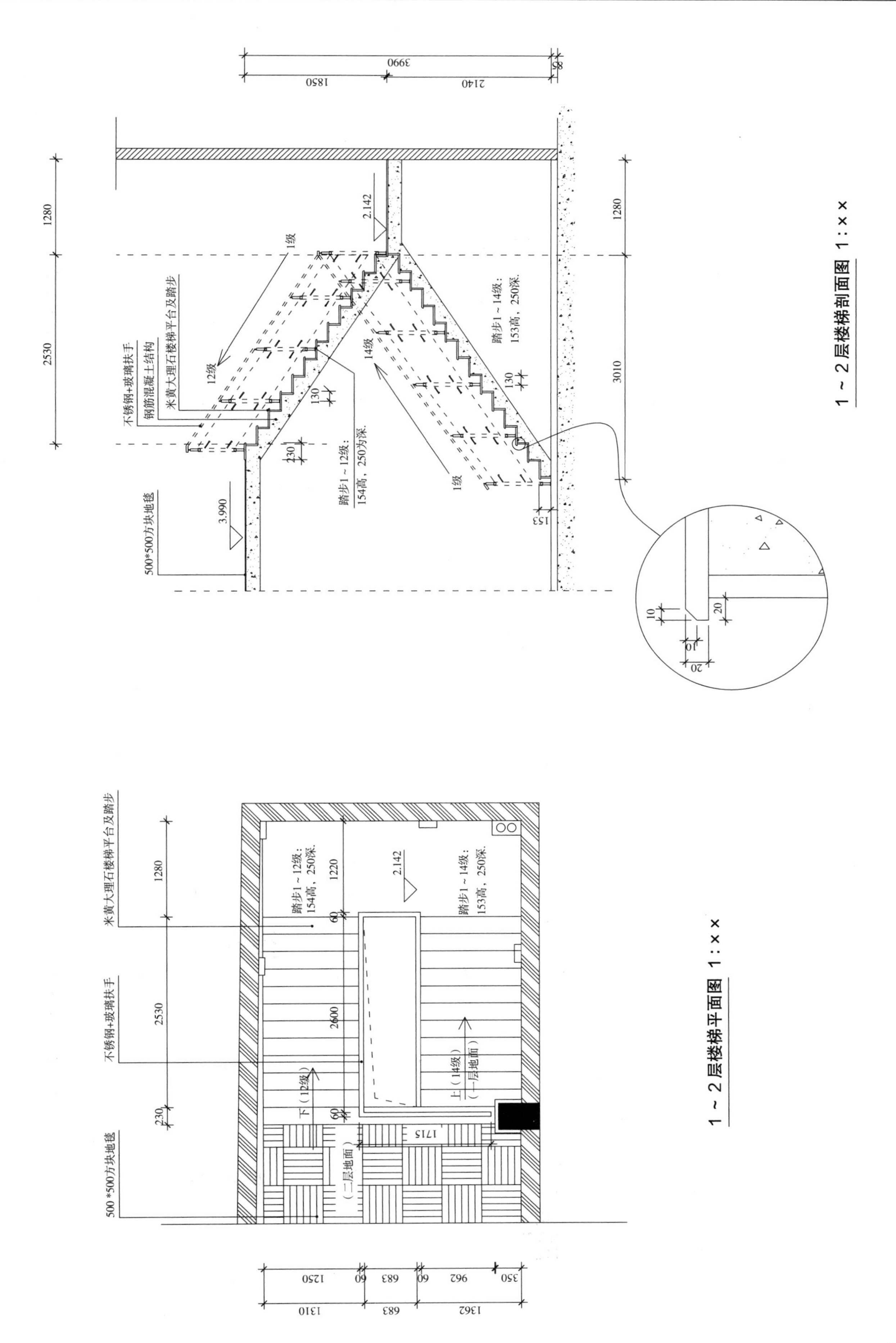

1～2层楼梯剖面图　1：××

1～2层楼梯平面图　1：××

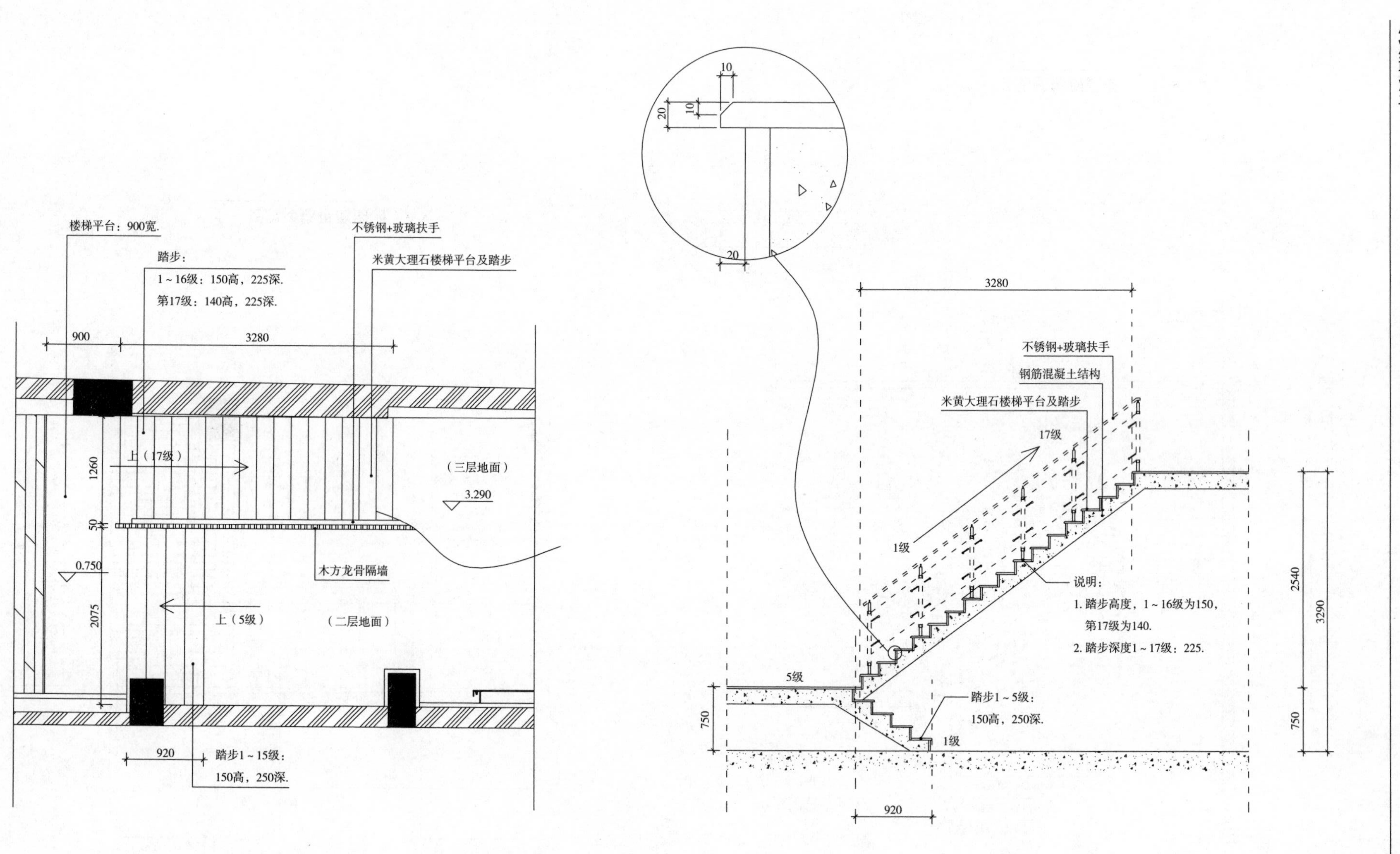

2～3层楼梯平面图 1:××

2～3层楼梯剖面图

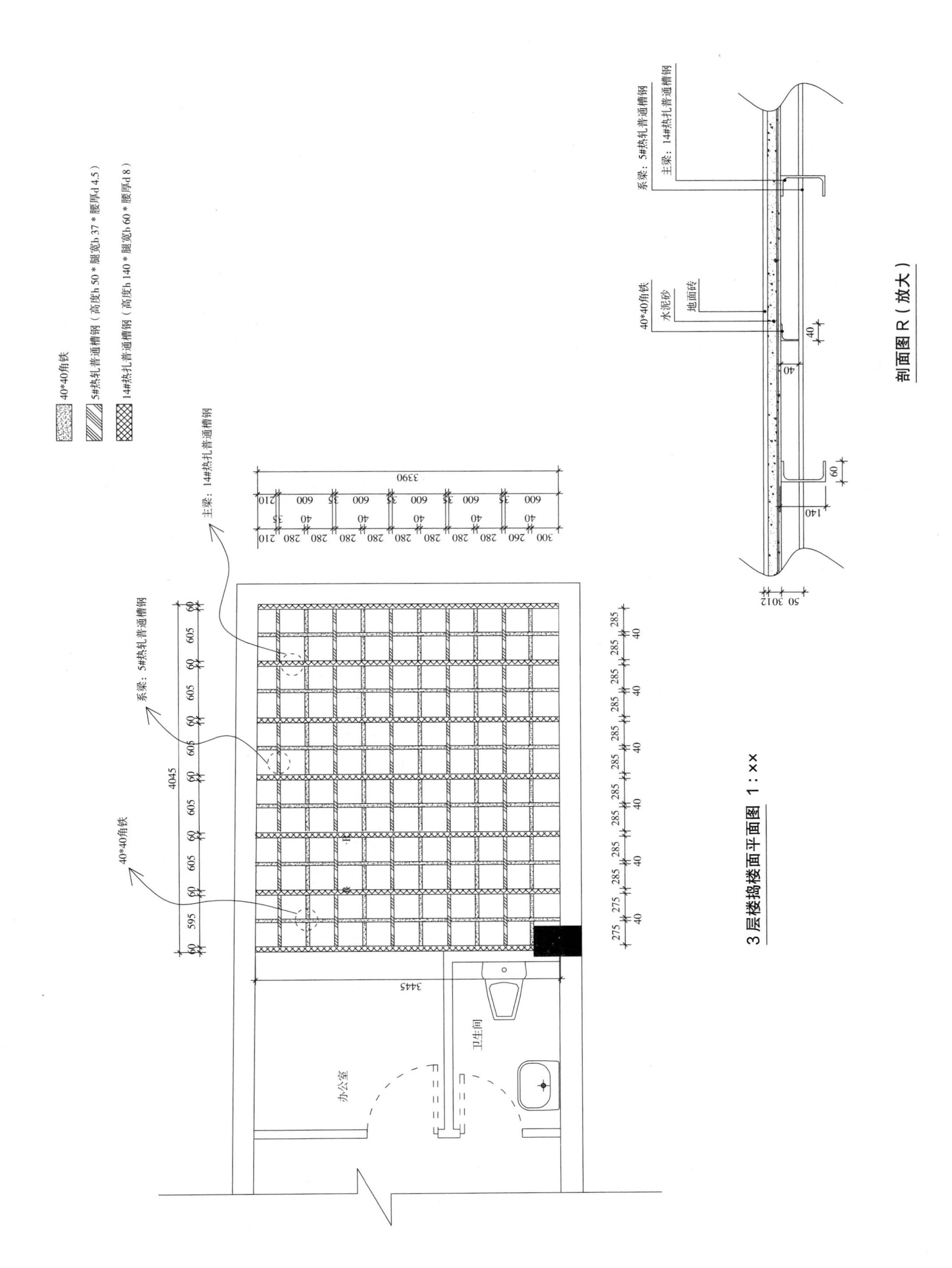

3层楼搭楼面平面图 1：××

剖面图R（放大）

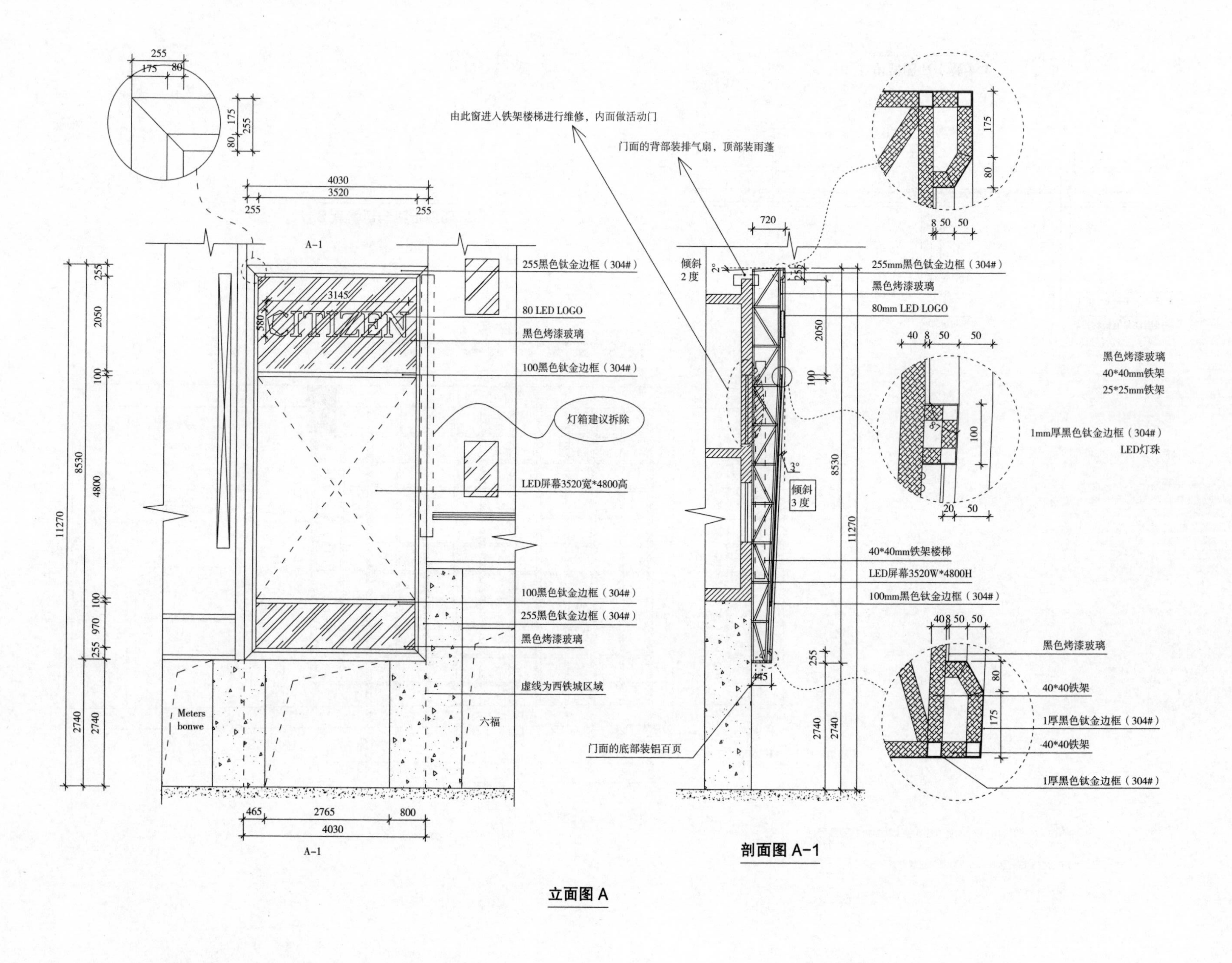

由此窗进入铁架楼梯进行维修，内面做活动门
门面的背部装排气扇，顶部装雨蓬
255黑色钛金边框（304#）
80 LED LOGO
黑色烤漆玻璃
100黑色钛金边框（304#）
灯箱建议拆除
LED屏幕3520宽*4800高
100黑色钛金边框（304#）
255黑色钛金边框（304#）
黑色烤漆玻璃
虚线为西铁城区域
六福
Meters bonwe
CITIZEN
A-1
倾斜 2度
255mm黑色钛金边框（304#）
黑色烤漆玻璃
80mm LED LOGO
黑色烤漆玻璃
40*40mm铁架
25*25mm铁架
1mm厚黑色钛金边框（304#）
LED灯珠
倾斜 3度
40*40mm铁架楼梯
LED屏幕3520W*4800H
100mm黑色钛金边框（304#）
黑色烤漆玻璃
40*40铁架
1厚黑色钛金边框（304#）
40*40铁架
1厚黑色钛金边框（304#）
门面的底部装铝百页

剖面图 A-1

立面图 A

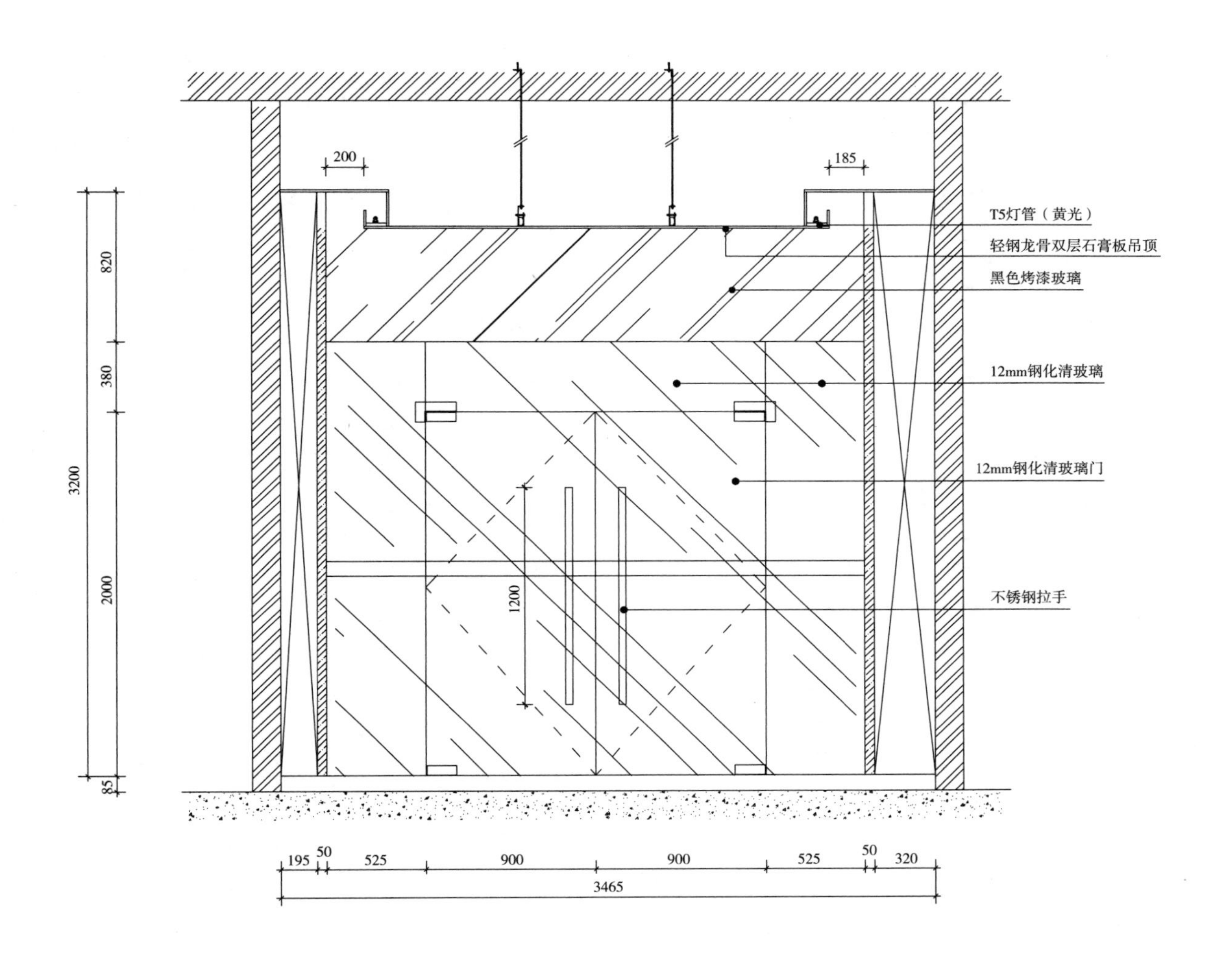
200
185
T5灯管（黄光）
轻钢龙骨双层石膏板吊顶
黑色烤漆玻璃
12mm钢化清玻璃
12mm钢化清玻璃门
不锈钢拉手
820
380
3200
2000
1200
85
195
50
525
900
900
525
50
320
3465

一层立面图C 1：××

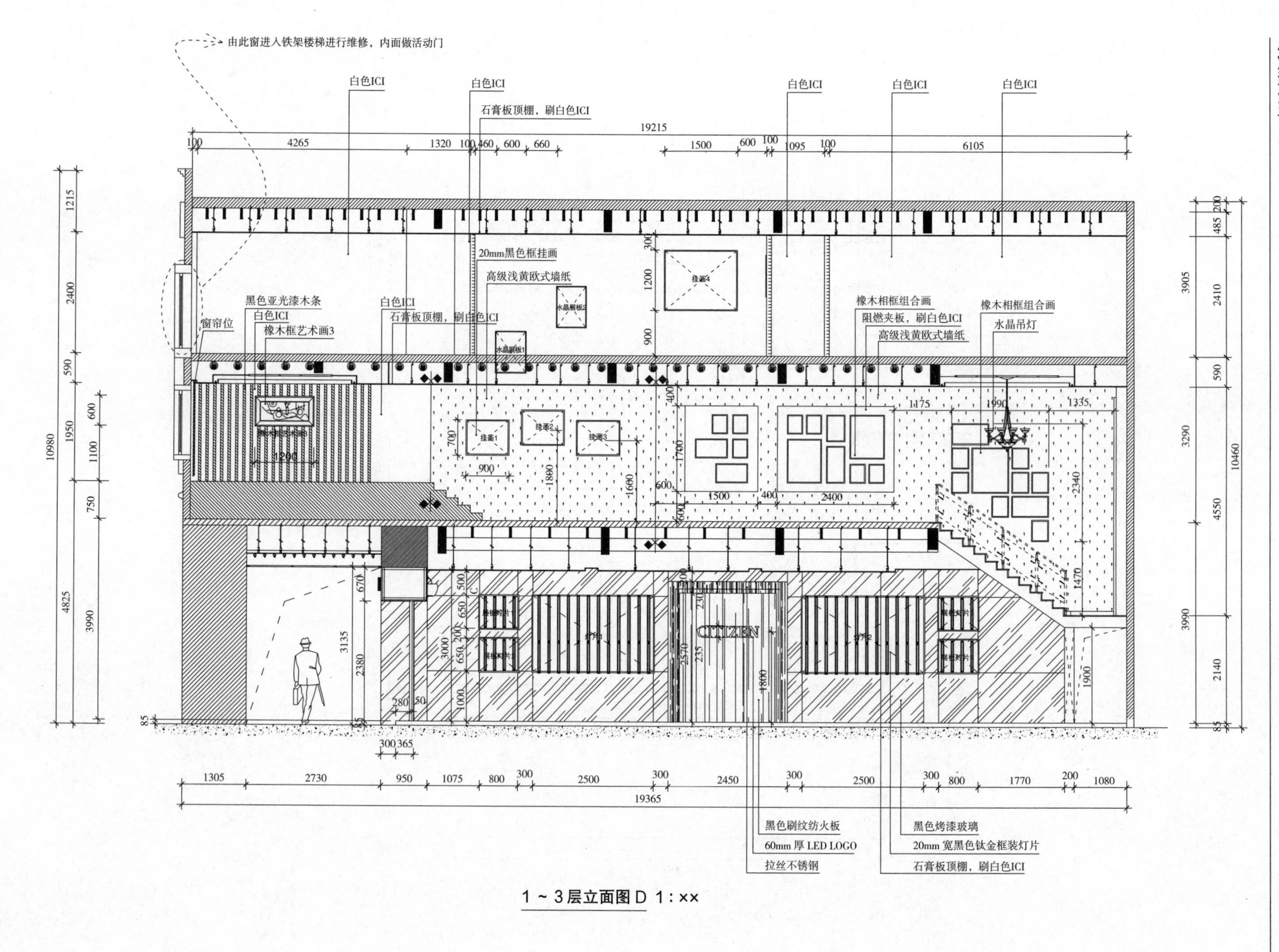

由此窗进入铁架楼梯进行维修，内面做活动门
白色ICI
白色ICI
石膏板顶棚，刷白色ICI
白色ICI
白色ICI
白色ICI
20mm黑色框挂画
高级浅黄欧式墙纸
黑色亚光漆木条
白色ICI
橡木框艺术画3
窗帘位
白色ICI
石膏板顶棚，刷白色ICI
橡木相框组合画
阻燃夹板，刷白色ICI
高级浅黄欧式墙纸
橡木相框组合画
水晶吊灯
CITIZEN
黑色刷纹纺火板
60mm厚 LED LOGO
拉丝不锈钢
黑色烤漆玻璃
20mm宽黑色钛金框装灯片
石膏板顶棚，刷白色ICI

1～3层立面图 D 1：××

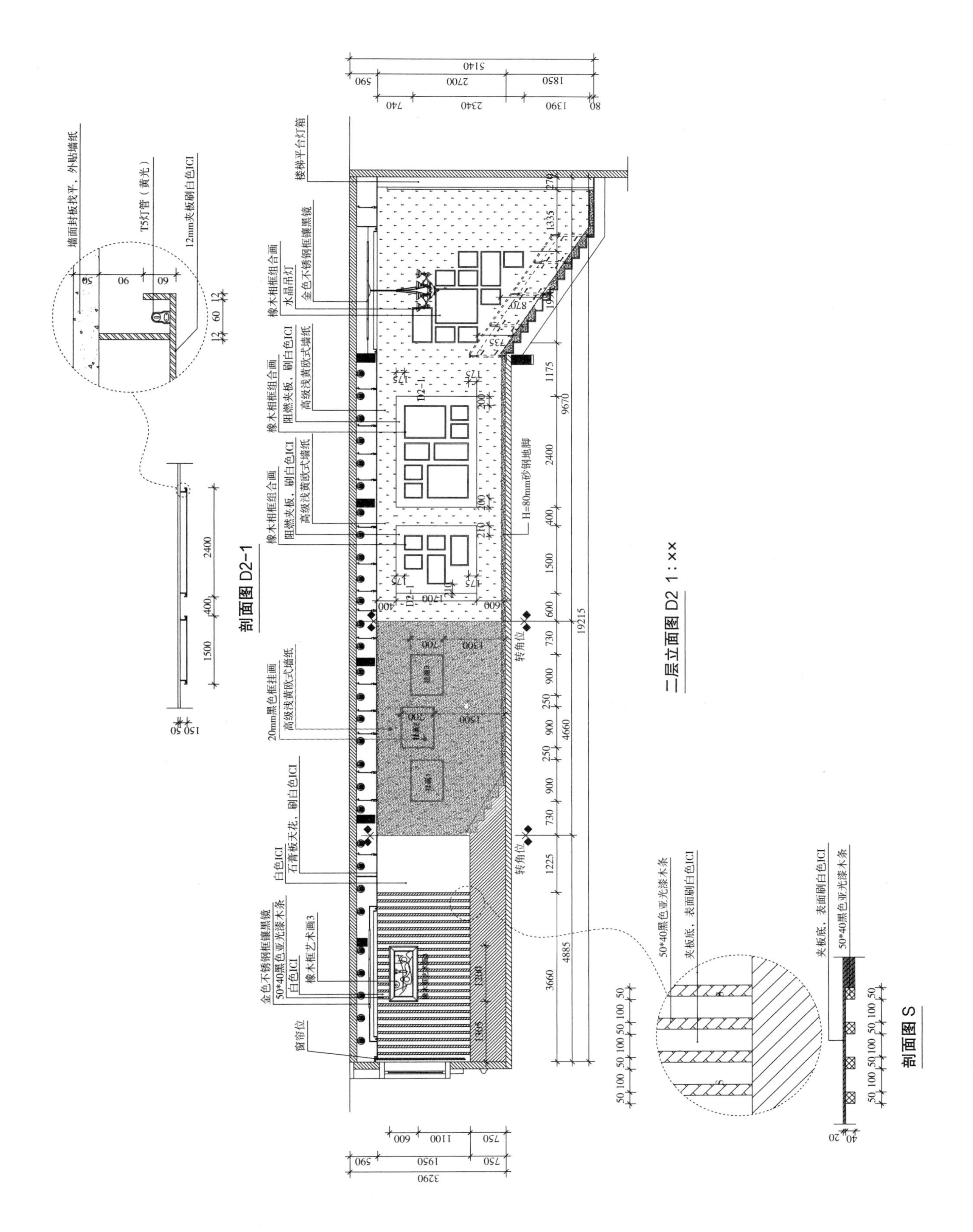
墙面封板找平，外贴墙纸
T5灯管（黄光）
12mm夹板刷白色ICI
剖面图 D2-1
楼梯平台灯箱
金色不锈钢框镶黑镜
水晶吊灯
橡木相框组合画
阻燃夹板，刷白色ICI
高级浅黄欧式墙纸
H=80mm砂钢地脚
20mm黑色框挂画
白色ICI
石膏板天花，刷白色ICI
转角位
50*40黑色亚光漆木条
橡木框艺术画3
窗帘位
二层立面图 D2 1：××
夹板底，表面刷白色ICI
剖面图 S

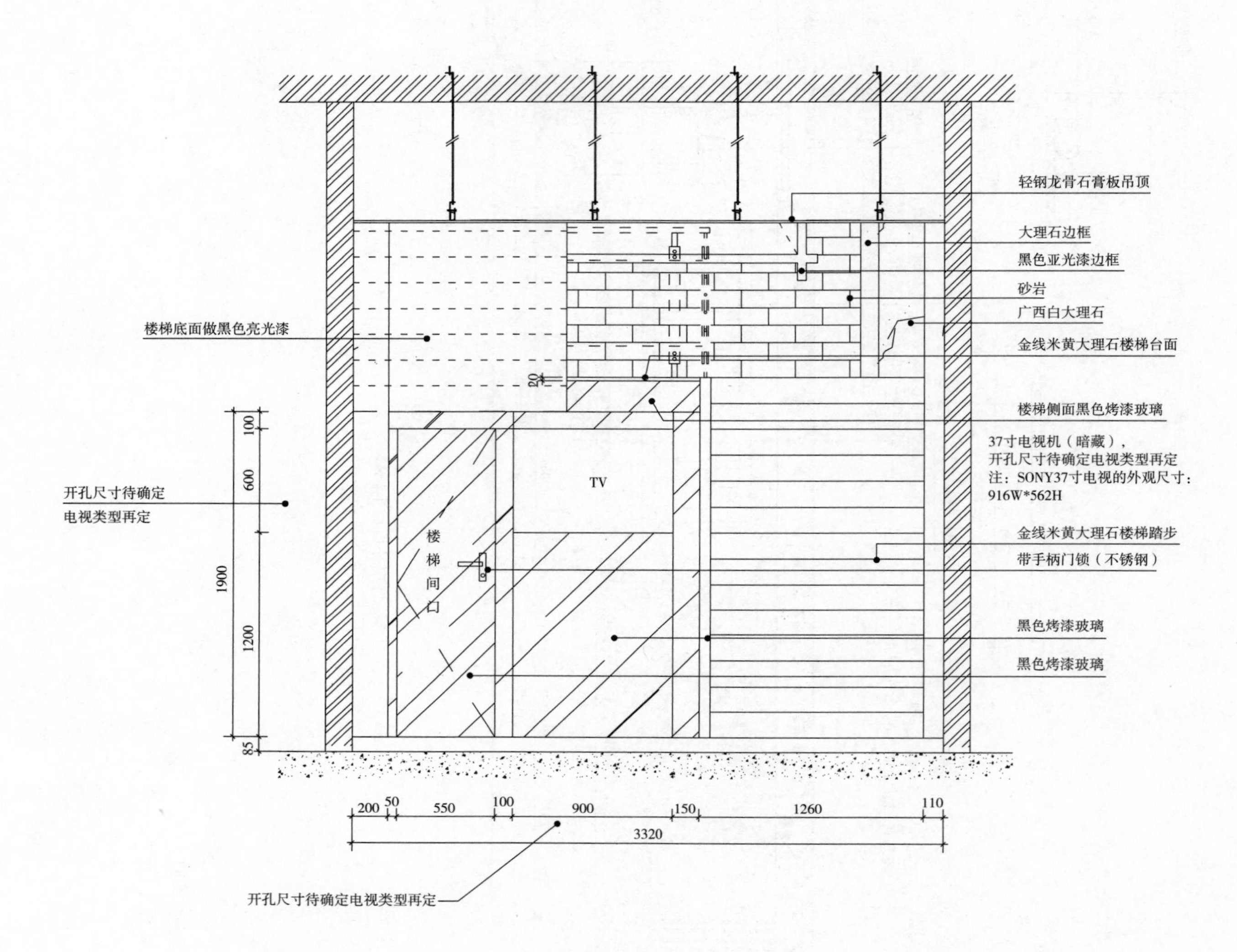
轻钢龙骨石膏板吊顶
大理石边框
黑色亚光漆边框
砂岩
广西白大理石
金线米黄大理石楼梯台面
楼梯底面做黑色亮光漆
楼梯侧面黑色烤漆玻璃
37寸电视机（暗藏），
开孔尺寸待确定电视类型再定
注：SONY37寸电视的外观尺寸：
916W*562H
开孔尺寸待确定
电视类型再定
TV
楼
梯
间
口
金线米黄大理石楼梯踏步
带手柄门锁（不锈钢）
黑色烤漆玻璃
黑色烤漆玻璃
20
100
600
1900
1200
85
200
50
550
100
900
150
1260
110
3320
开孔尺寸待确定电视类型再定

一层立面图 E 1：××

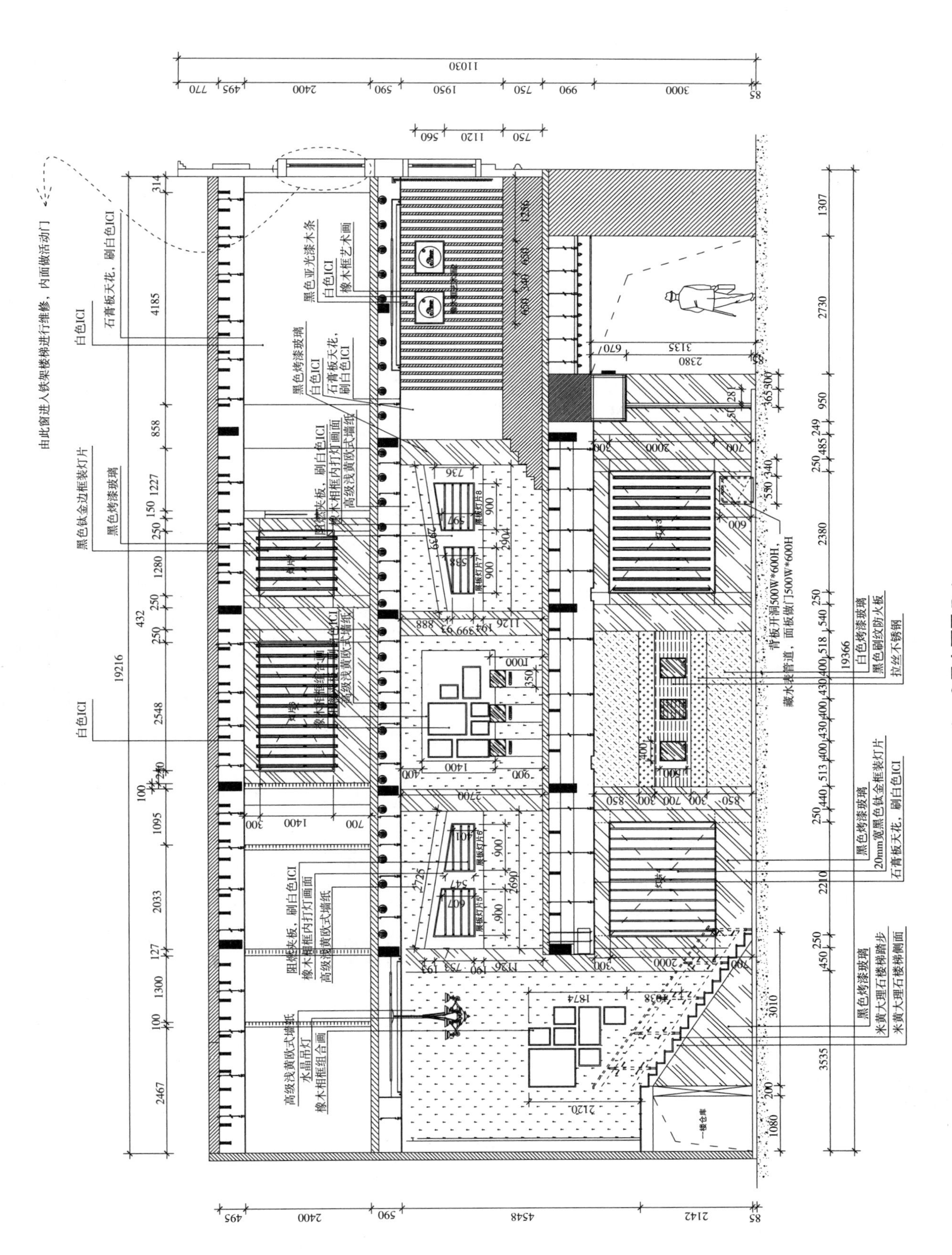

由此窗进入铁架楼梯进行维修，内面做活动门
白色ICI
石膏板天花，刷白色ICI
黑色钛金边框装灯片
黑色烤漆玻璃
黑色亚光漆木条
白色ICI
橡木框艺术画
黑色烤漆玻璃
白色ICI
石膏板天花，刷白色ICI
阻燃夹板，刷白色ICI
橡木相框内打灯画面
高级浅黄欧式墙纸
背板开洞500W*600H，
藏水表管道，面板做门500W*600H
白色烤漆玻璃
黑色刷纹防火板
拉丝不锈钢
黑色烤漆玻璃
20mm宽黑色钛金框装灯片
石膏板天花，刷白色ICI
黑色烤漆玻璃
米黄大理石楼梯踏步
米黄大理石楼梯侧面
高级浅黄欧式墙纸
水晶吊灯
橡木相框组合画

1～3层立面图F　1:××

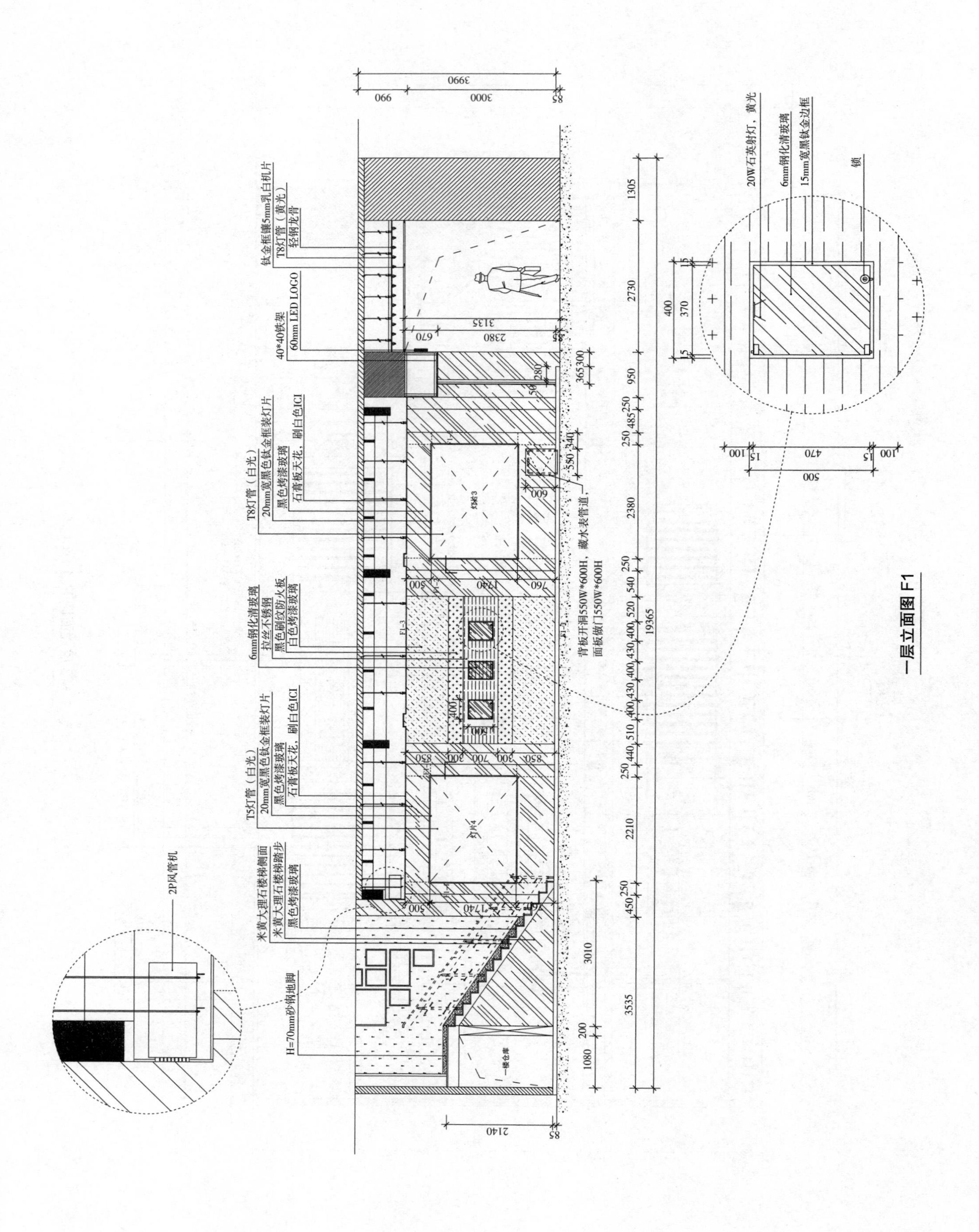
钛金框镶5mm乳白机片
T8灯管（黄光）
轻钢龙骨
60mm LED LOGO
40*40铁架
T8灯管（白光）
20mm宽黑色钛金框装灯片
黑色烤漆玻璃
石膏板天花，刷白色ICI
6mm钢化清玻璃
拉丝不锈钢
黑色刷纹防火板
白色烤漆玻璃
T5灯管（白光）
20mm宽黑色钛金框装灯片
黑色烤漆玻璃
石膏板天花，刷白色ICI
米黄大理石楼梯侧面
米黄大理石楼梯踏步
黑色烤漆玻璃
2P风管机
H=70mm砂钢地脚
背板开洞550W*600H，
面板做门550W*600H
藏水表管道
19365
20W石英射灯，黄光
6mm钢化清玻璃
15mm宽黑钛金边框
锁

一层立面图 F1

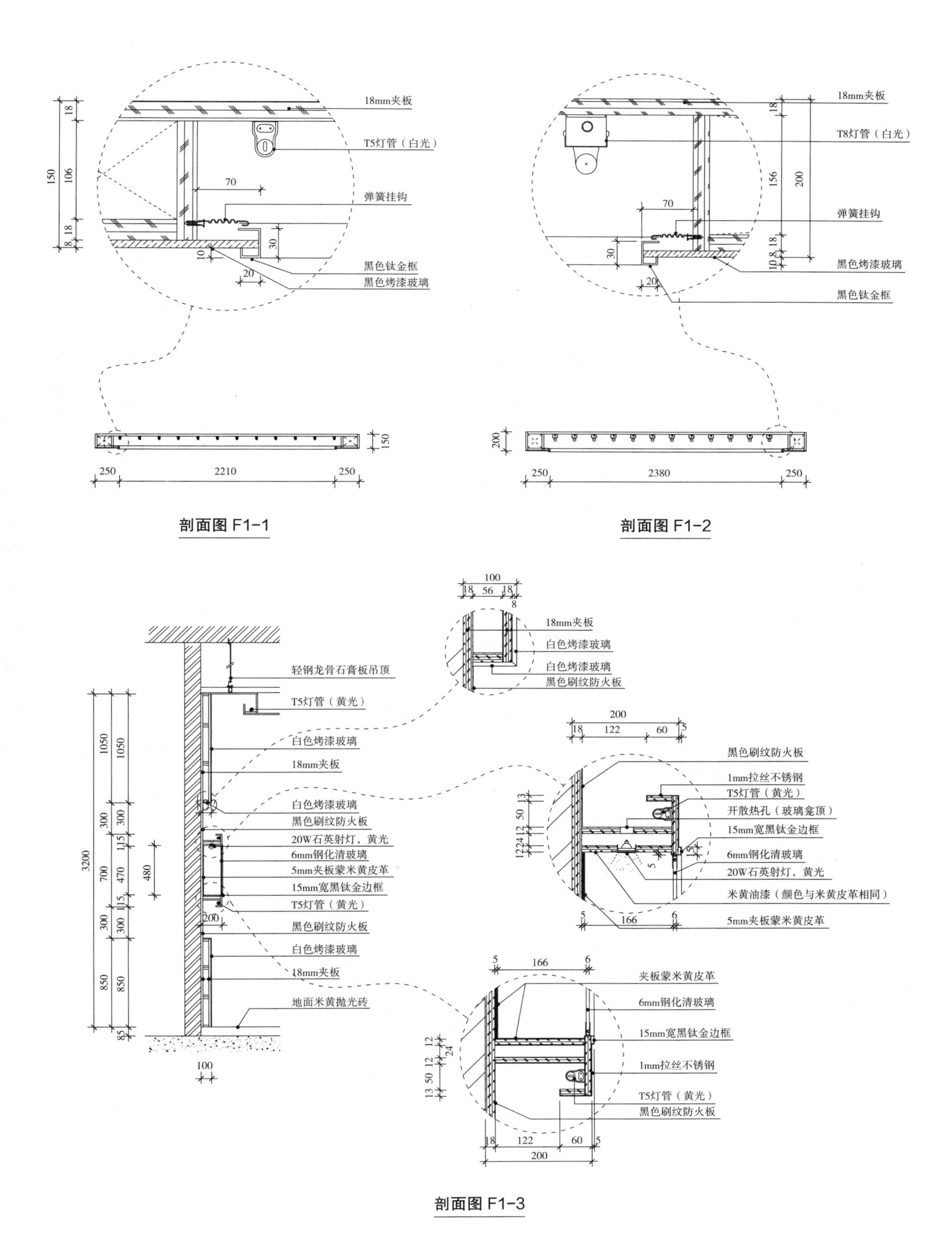

剖面图 F1-1

剖面图 F1-2

剖面图 F1-3

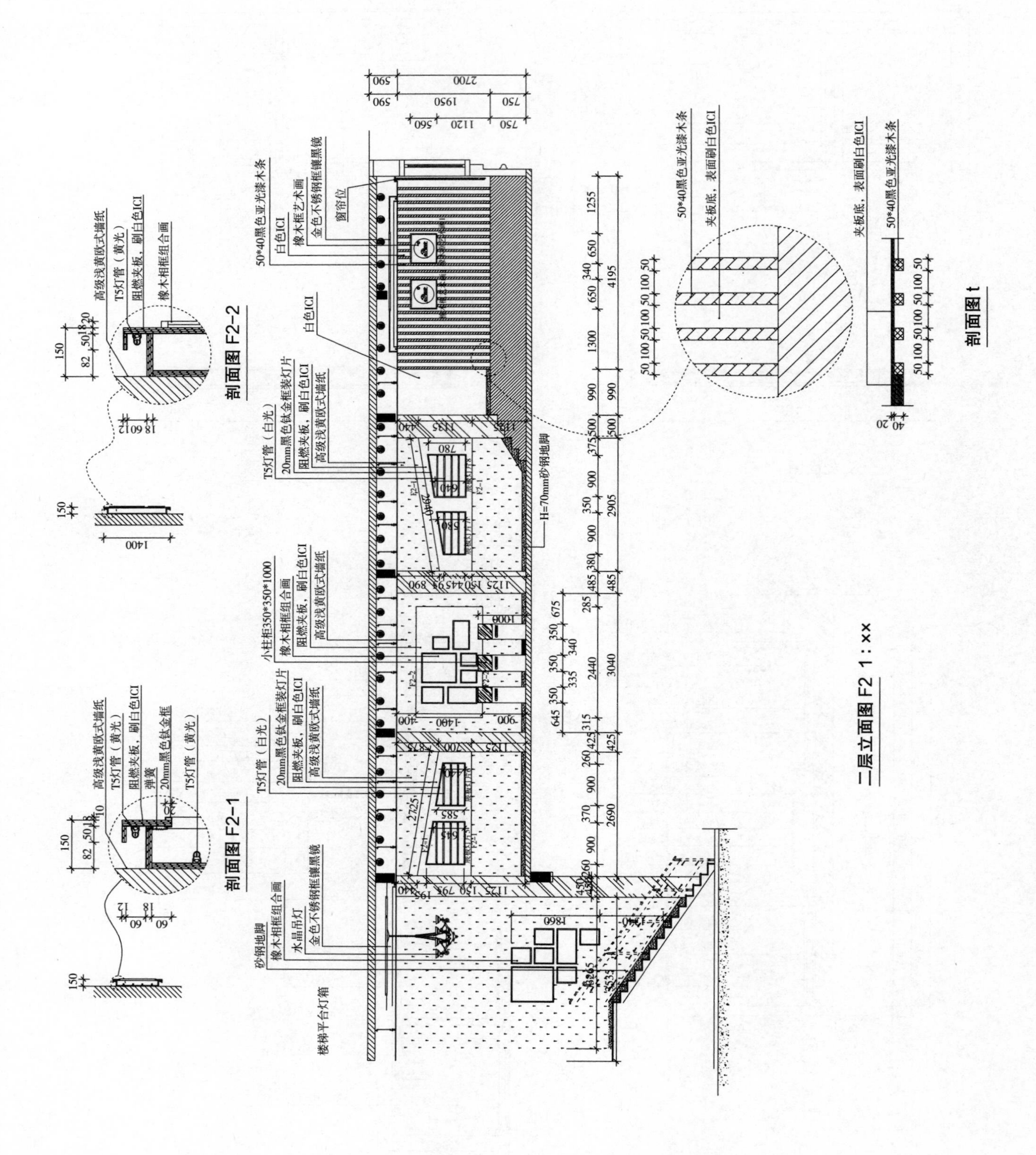
剖面图 F2-1
高级浅黄欧式墙纸
T5灯管（黄光）
阻燃夹板，刷白色ICI
弹簧
20mm黑色钛金框
T5灯管（黄光）
剖面图 F2-2
高级浅黄欧式墙纸
T5灯管（黄光）
阻燃夹板，刷白色ICI
橡木相框组合画
楼梯平台灯箱
砂钢地脚
橡木相框组合画
水晶吊灯
金色不锈钢框镶黑镜
T5灯管（白光）
20mm黑色钛金框装灯片
阻燃夹板，刷白色ICI
高级浅黄欧式墙纸
小柱柜350*350*1000
橡木相框组合画
阻燃夹板，刷白色ICI
高级浅黄欧式墙纸
T5灯管（白光）
20mm黑色钛金框装灯片
阻燃夹板，刷白色ICI
高级浅黄欧式墙纸
白色ICI
H=70mm砂钢地脚
50*40黑色亚光漆木条
白色ICI
橡木框艺木画
金色不锈钢框镶黑镜
窗帘位
二层立面图 F2 1：xx
50*40黑色亚光漆木条
夹板底，表面刷白色ICI
夹板底，表面刷白色ICI
50*40黑色亚光漆木条
剖面图 t

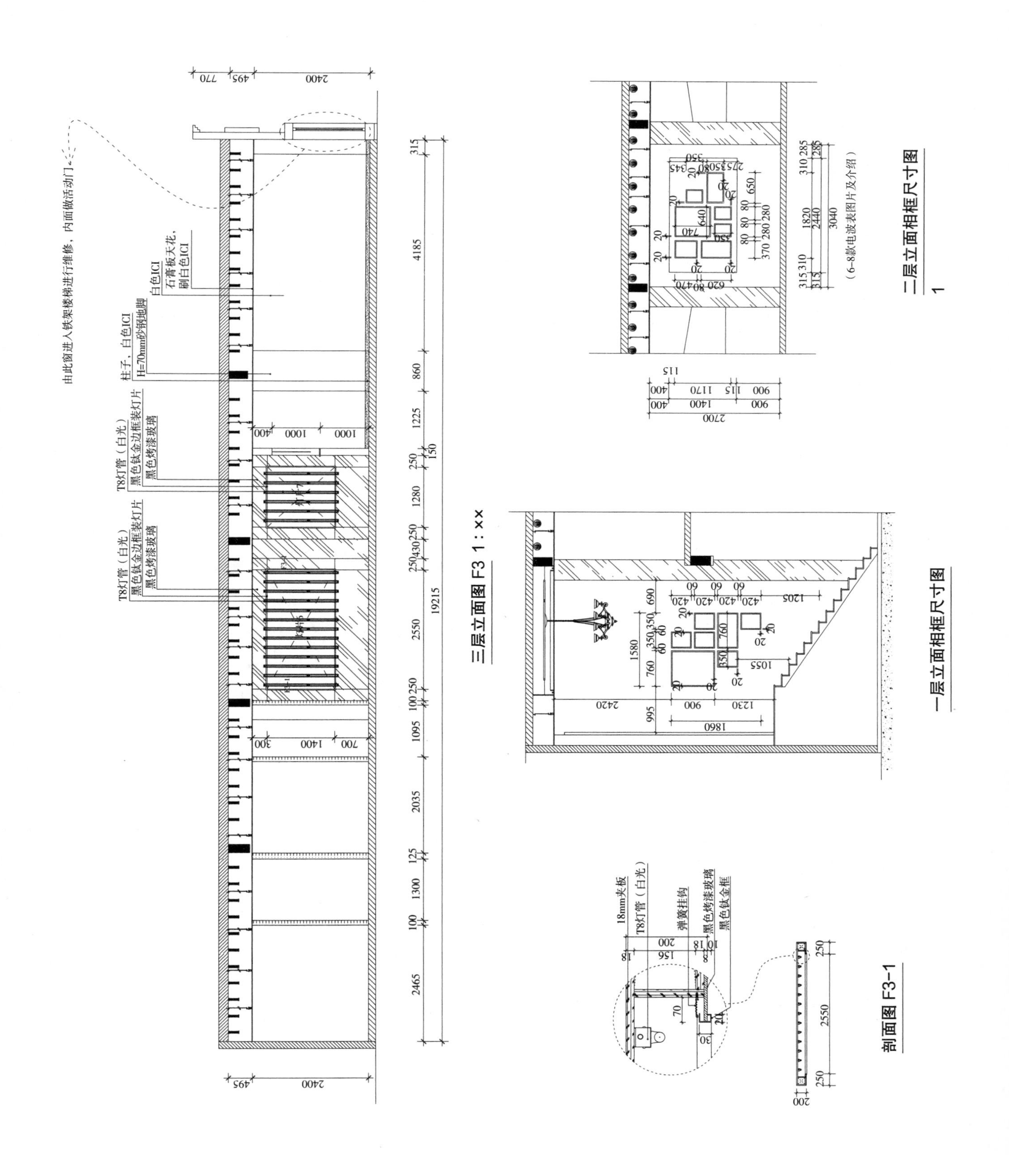
由此窗进入铁架楼梯进行维修，内面做活动门
白色ICI
石膏板天花，
刷白色ICI
柱子，白色ICI
H=70mm砂钢地脚
T8灯管（白光）
黑色钛金边框装灯片
黑色烤漆玻璃
三层立面图 F3 1：××
二层立面相框尺寸图
（6~8款电波表图片及介绍）
一层立面相框尺寸图
18mm夹板
T8灯管（白光）
弹簧挂钩
黑色烤漆玻璃
黑色钛金框
剖面图 F3-1

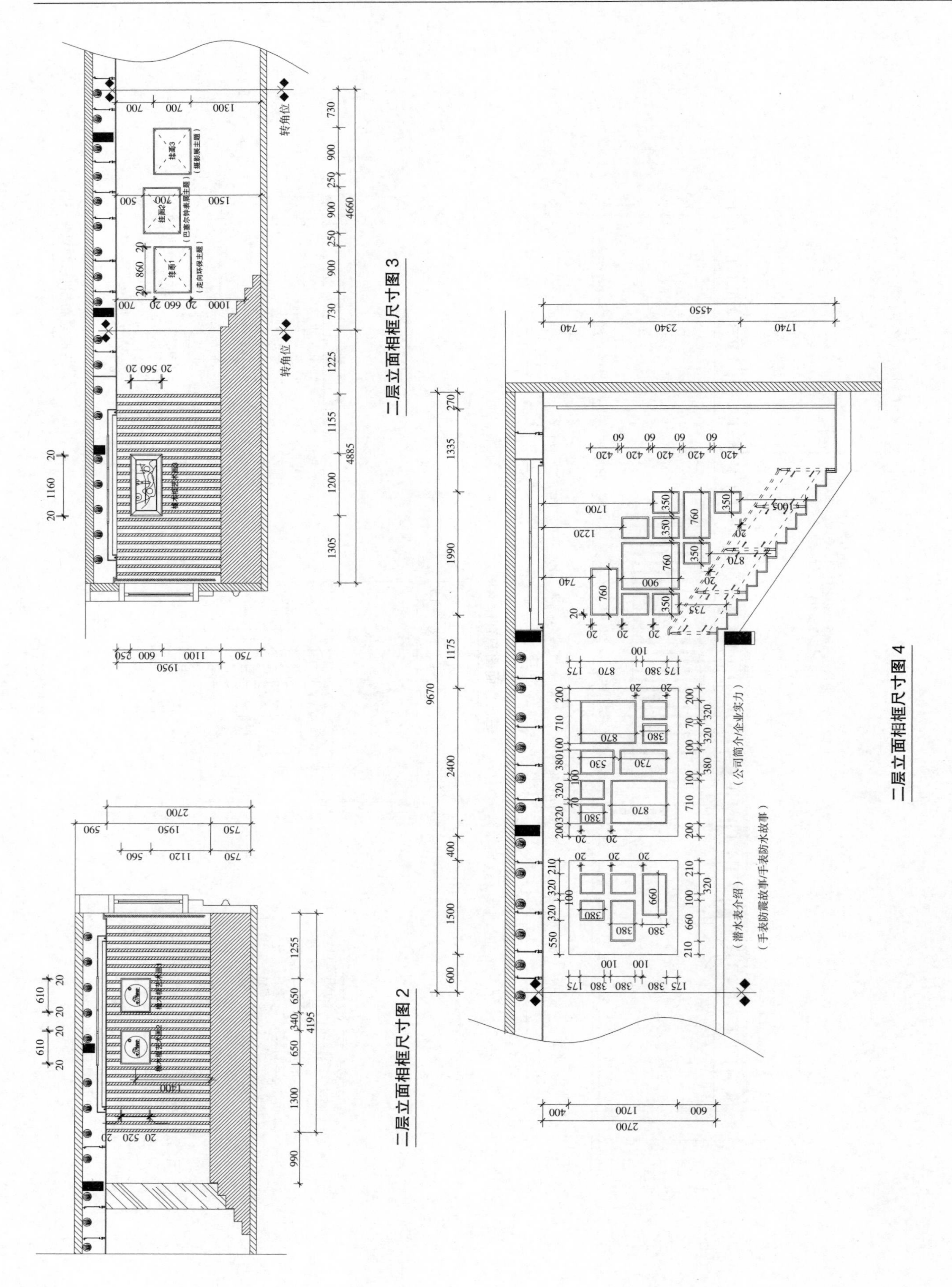

二层立面相框尺寸图 3

二层立面相框尺寸图 2

二层立面相框尺寸图 4

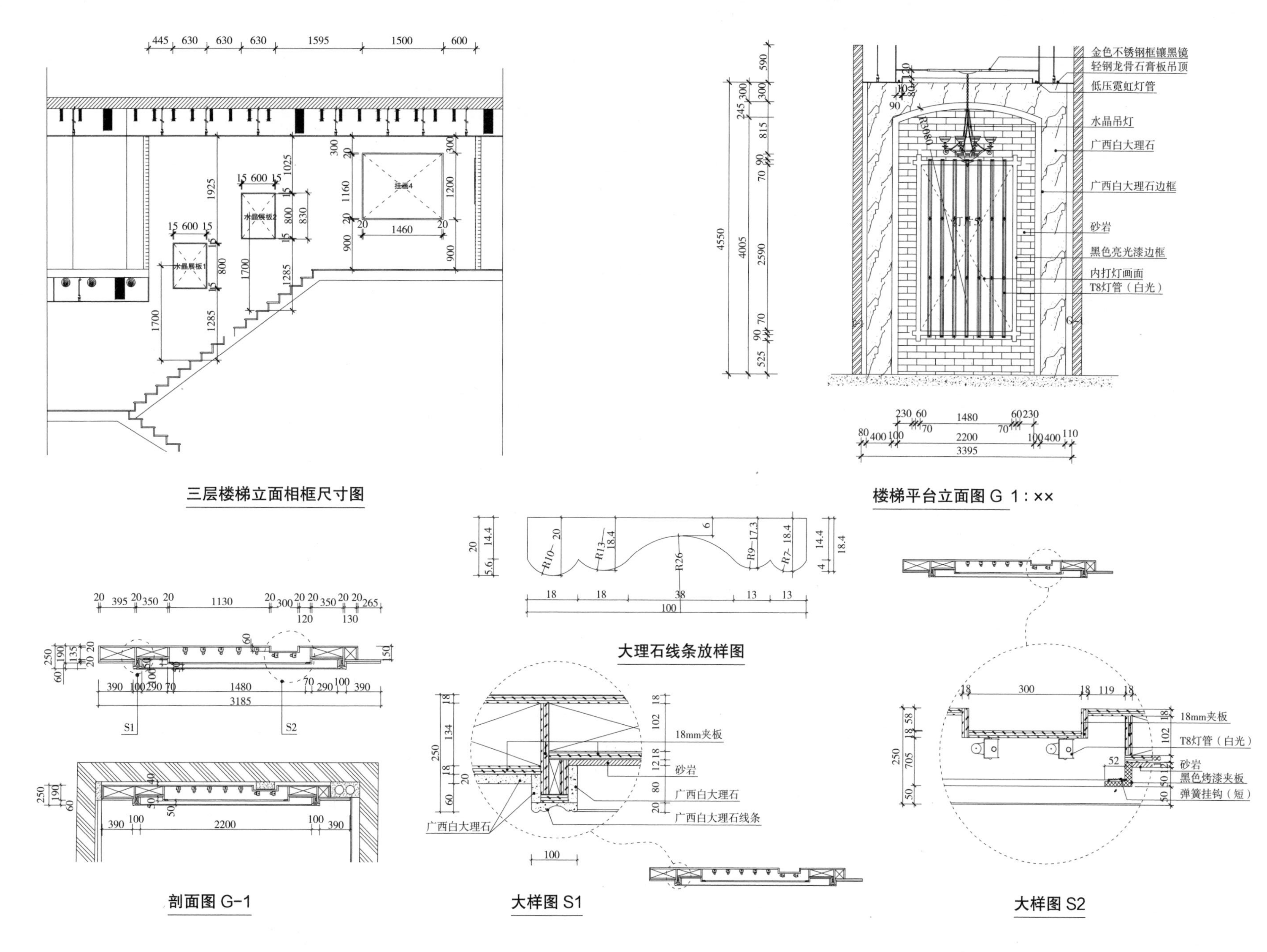
挂画4
水晶展板2
水晶展板1
三层楼梯立面相框尺寸图
金色不锈钢框镶黑镜
轻钢龙骨石膏板吊顶
低压霓虹灯管
水晶吊灯
广西白大理石
广西白大理石边框
砂岩
黑色亮光漆边框
内打灯画面
T8灯管（白光）
R3080
楼梯平台立面图 G 1：××
大理石线条放样图
剖面图 G-1
18mm夹板
砂岩
广西白大理石
广西白大理石线条
广西白大理石
大样图 S1
18mm夹板
T8灯管（白光）
砂岩
黑色烤漆夹板
弹簧挂钩（短）
大样图 S2

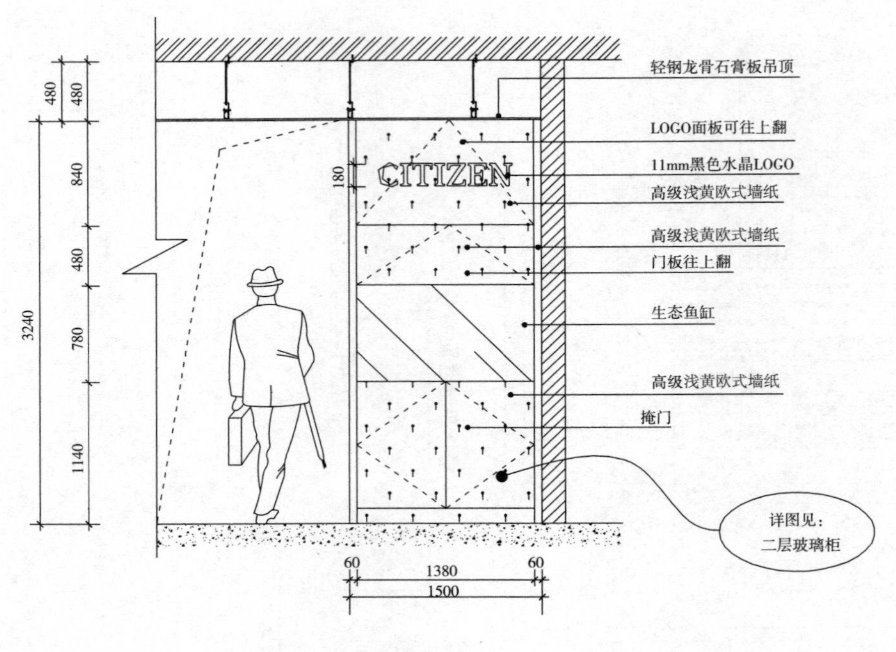

二层立面图 H 1: ××

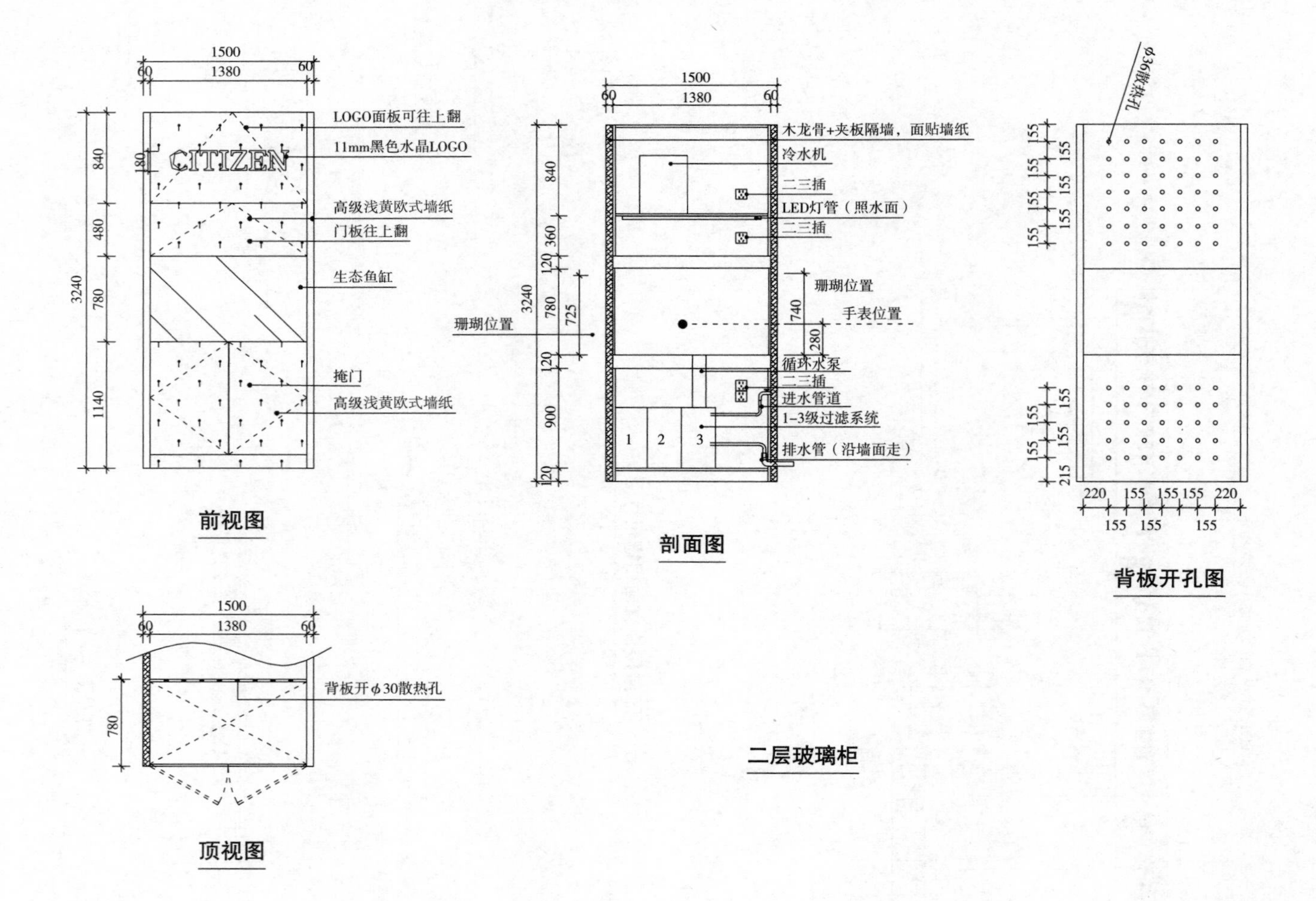

二层玻璃柜

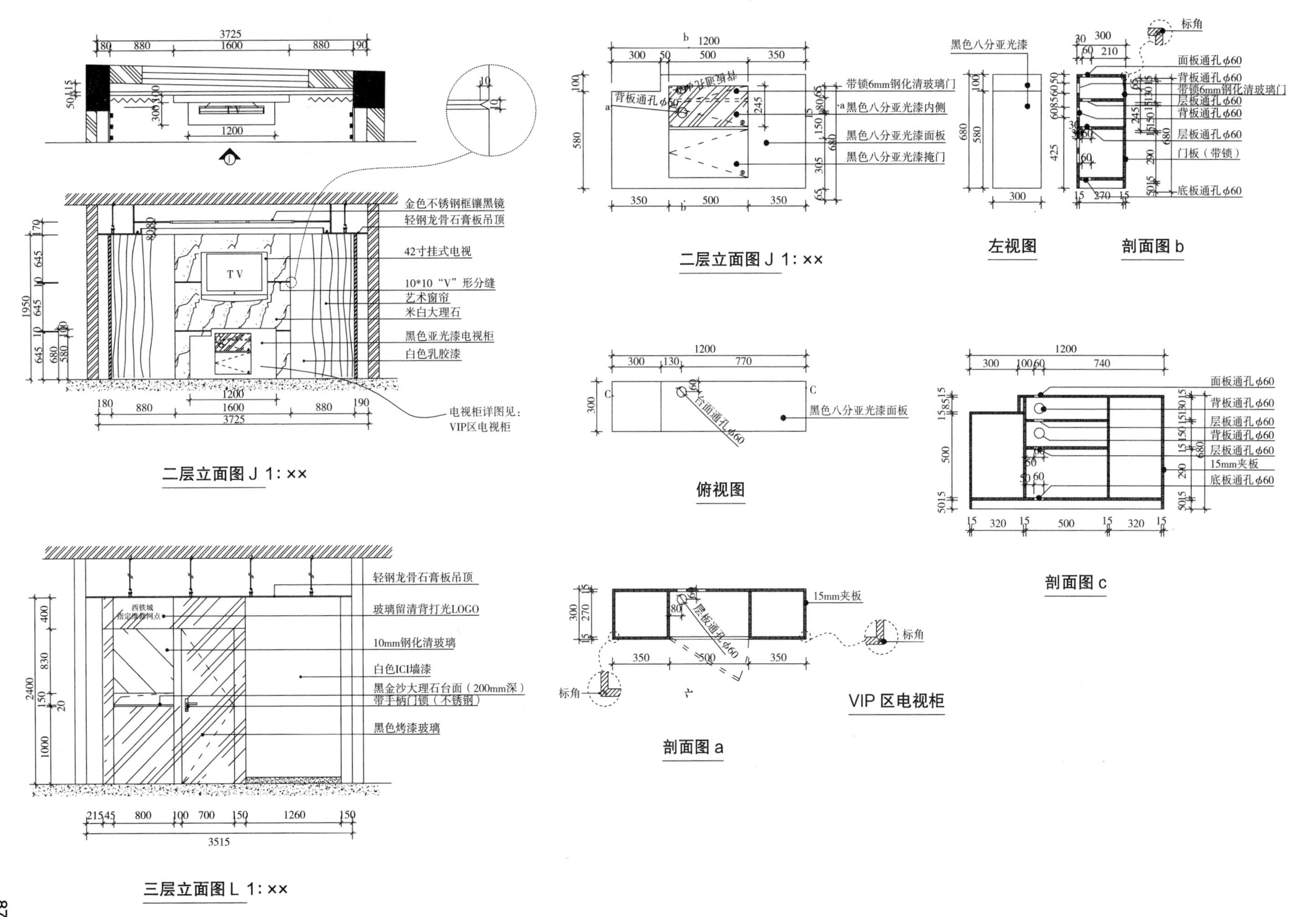

二层立面图 J 1:××

二层立面图 J 1:××

左视图

剖面图 b

俯视图

剖面图 c

三层立面图 L 1:××

剖面图 a

VIP 区电视柜

附 录

一、商店建筑设计规范（节选）JGJ 48-2014

房城乡建设部关于发布行业标准
《商店建筑设计规范》的公告

第444号

现批准《商店建筑设计规范》为行业标准，编号为JGJ48-2014，自2014年12月1日起实施。其中，第4.2.11、4.2.12、4.3.3、7.3.14、7.3.16条为强制性条文，必须严格执行。原《商店建筑设计规范》JGJ48-1988同时废止。

本规范由我部标准定额研究所组织中国建筑工业出版社出版发行。

中华人民共和国住房和城乡建设部
2014年6月12日

1 总 则

1.0.1 为使商店建筑设计满足安全卫生、适用经济、节能环保等基本要求，制订本规范。

1.0.2 本规范适用于新建、扩建和改建的从事零售业的有店铺的商店建筑设计；不适用于建筑面积小于100m^{2}的单建或附属商店（店铺）的建筑设计。

1.0.3 商店建筑设计应根据不同零售业态的需求，在商品展示的同时，为顾客提供安全和良好的购物环境，为销售人员提供高效便捷的工作环境。

1.0.4 商店建筑的规模应按单项建筑内的商店总建筑面积进行划分，并应符合表1.0.4的规定。

商店建筑的规模划分　表1.0.4

规模	小型	中型	大型
总建筑面积	<5000m^2	5000m^2 ~ 20000m^2	>20000m^2

1.0.5 商店建筑设计除应符合本规范外，尚应符合国家现行有关标准的规定。

2 术 语

2.0.1 商店建筑 the store building

为商品直接进行买卖和提供服务供给的公共建筑。

2.0.2 零售业 retail business

以向最终消费者提供所需商品和服务为主的行业。

2.0.3 零售业态 retail forms

零售企业为满足不同的消费需求进行相应的要素组合而形成的不同经营形态。

2.0.4 购物中心 shopping center，shopping mall

多种零售店铺、服务设施集中在一个建筑物内或一个区域内，向消费者提供综合性服务的商业集合体。

2.0.5 百货商场 department store

在一个建筑内经营若干大类商品，实行统一管理、分区销售，满足顾客对时尚商品多样化选择需求的零售商店。

2.0.6 超级市场 supermarket

采用自选销售方式，以销售食品和日常生活用品为主，向顾客提供日常生活必需品为主要目的的零售商店。

2.0.7 菜市场 food market，vegetable market

销售蔬菜、肉类、禽蛋、水产和副食品的场所或建筑。

2.0.8 专业店 specialty store

以专门经营某一大类商品为主，并配备具有

专业知识的销售人员和提供适当服务的零售商品。

2.0.9 步行商业街 commercial pedestrian street

供人们进行购物、饮食、娱乐、休闲等活动而设置的步行街道。

2.0.10 无性别公共卫生间 nonsexual public toilets

为解决特殊人员如厕不便而设置的公共卫生间。

3 基地和总平面

3.1 基 地

3.1.1 商店建筑宜根据城市整体商业布局及不同零售业态选择基地位置，并应满足当地城市规划的要求。

3.1.2 大型和中型商店建筑基地宜选择在城市商业区或主要道路的适宜位置。

3.1.3 对于易产生污染的商店建筑，其基地选址应有利于污染的处理或排放。

3.1.4 经营易燃易爆及有毒性类商品的商店建筑不应位于人员密集场所附件，且安全距离应符合现行国家标准《建筑设计防火规范》GB50016 的有关规定。

3.1.5 商店建筑不宜布置在甲、乙类厂（库）房，甲乙丙类液体和可燃气体储罐以及可燃材料堆场附近，且安全距离应符合现行国家标准《建筑设计防火规范》GB50016 的有关规定。

3.1.6 大型商店建筑的基地沿城市道路的长度不宜小于基地周长的 1/6，并宜有不少于两个方向的出入口与城市道路相连接。

3.1.7 大型和中型商店建筑基地内的雨水应有组织排放，且雨水排放不得对相邻地块的建筑及绿化产生影响。

3.2 建筑布局

3.2.1 大型和中型商店建筑的主要出入口前，应留有人员集散场地，且场地的面积和尺度应根据零售业态、人数及规划部门的要求确定。

3.2.2 大型和中型商店建筑的基地内应设置专用运输通道，且不应影响主要顾客人流，其宽度不应小于 4m，宜为 7m。运输道路设在地面时，可与消防车道结合设置。

3.2.3 大型和中型商店建筑的基地内应设置垃圾收集处、装卸载区和运输车辆临时停放处等服务性场地。当设在地面上时，其位置不应影响主要顾客人流和消防扑救，不应占用城市公共区域，并应采取适当的视线遮蔽措施。

3.2.4 商店建筑基地内应按现行国家标准《无障碍设计规范》GB50763 的规定设置无障碍设施，并应与城市道路无障碍设施相连接。

3.2.5 大型商店建筑应按当地城市规划要求设置停车位。在建筑物内设置停车库时，应同时设置地面临时停车位。

3.2.6 商店建筑基地内车辆出入口数量应根据停车位的数量确定，并应符合国家现行标准《汽车库建筑设计规范》JGJ100 和《汽车库、修车库、停车场设计防火规范》GB50067 的规定；当设置 2 个或 2 个以上车辆出入口时，车辆出入口不宜设在同一条城市道路上。

3.2.7 大型和中型商店建筑应进行基地内的环境景观设计及建筑夜景照明设计。

3.3 步行商业街

3.3.1 步行商业街内应设置限制车辆通行的措施，并应符合当地城市规划和消防、交通等部门的有关规定。

3.3.2 将现有城市道路改建为步行商业街时，应保证周边的城市道路交通畅通。

3.3.3 步行商业街除应符合现行国家标准《建筑设计防火规范》GB50016 的有关规定外，还应符合下列规定：

1 利用现有街道改造的步行商业街，其街道最窄处不宜小于 6m；

2 新建步行商业街应留有宽度不小于 4m 的消防车通道；

3 车辆限行的步行商业街长度不宜大于 500m；

4 当有顶棚的步行商业街上空设有悬挂物时，净高不应小于 4.00m，顶棚和悬挂物的材料应符合现行国家标准《建筑设计防火规范》GB50016 的有关规定，且应采取确保安全的构造措施。

3.3.4 步行商业街的主要出入口附近应设置停车场（库），并应与城市公共交通有便捷的联系。

3.3.5 步行商业街应进行无障碍设计，并应符合现行国家标准《无障碍设计规范》GB50763 的规定。

3.3.6 步行商业街应进行后勤货运的流线设计，并不应与主要顾客人流混合或交叉。

3.3.7 步行商业街应配备公用配套设施，并应满足环保及景观要求。

4 建筑设计

4.1 一般规定

4.1.1 商店建筑可按使用功能分为营业区、仓储区和辅助区等三部分。商店建筑的内外均应做好交通组织设计，人流与货流不得交叉，并应按现行国家标准《建筑设计防火规范》GB50016的规定进行防火和安全分区。

4.1.2 营业区、仓储区和辅助区等的建筑面积应根据零售业态、商品种类和销售形式等进行分配，并应能根据需要进行取舍或合并。

4.1.3 商店建筑外部的招牌、广告灯附着物应与建筑物之间牢固结合，且凸出的招牌、广告的设置除应满足当地城市规划的要求外，还应与建筑外立面相协调，且不得妨碍建筑自身及相邻建筑的日照、采光、通风、环境卫生等。

4.1.4 商店建筑设置外向橱窗时应符合下列规定：

1 橱窗的平台高度宜至少比室内和室外地面高 0.20m；

2 橱窗应满足防晒、防眩光、防盗等要求；

3 采暖地区的封闭橱窗可不采暖，其内壁应采取保温构造，外表面应采取防雾构造。

4.1.5 商店建筑的外门窗应符合下列规定：

1 有防盗要求的门窗应采取安全防范措施；

2 外门窗应根据需要，采取通风、防雨、遮阳、保温等措施；

3 严寒和寒冷地区的门应设门斗或采取其他防寒措施。

4.1.6 商店建筑的公共楼梯、台阶、坡道、栏杆应符合下列规定：

1 楼梯梯段最小净宽、踏步最小宽度和最大宽度应符合表 4.1.6 的规定；

2 室内外台阶的踏步高度不应大于 0.15m 且不宜小于 0.10m，踏步宽度不应小于 0.30m；当高差不足两级踏步时，应按坡道设置，其坡度不应大于 1 : 12；

楼梯梯段最小净宽、踏步最小宽度和最大宽度　表 4.1.6

楼梯类别	梯段最小净宽（m）	踏步最小宽度（m）	踏步最大宽度（m）
营业区的公共楼梯	1.40	0.28	0.16
专用疏散楼梯	1.20	0.26	0.17
室外楼梯	1.40	0.30	0.15

3 楼梯、室内回廊、内天井等临空处的栏杆应采用防攀爬的构造，当采用垂直杆件做栏杆时，其栏杆净距不应大于 0.11mm；栏杆高度及承受水平荷载的能力应符合现行国家标准《民用建筑设计通则》GB50352 的规定；

4 人员密集的大型商店建筑的中庭应提高栏杆的高度，当采用玻璃栏杆时，应符合现行行业标准《建筑玻璃应用技术规程》JGJ113 的规定。

4.1.7 大型和中型商店的营业区宜设乘客电梯、自动扶梯、自动人行道；多层商店宜设置货梯或提升机。

4.1.8 商店建筑内设置的乘客电梯、自动扶梯、自动人行道除应符合现行行业标准《建筑玻璃应用技术规程》JGJ113 的有关规定外，还应符合下列规定：

1 自动扶梯倾斜角度不应大于 30°，自动人行道倾斜角度不应超过 12°；

2 自动扶梯、自动人行道上下两端水平距离 3m 范围内应保持畅通，不得兼作他用；

3 扶手带中心线与平行墙面或楼板开口边缘间的距离、相邻设置的自动扶梯或自动人行道的两梯（道）之间扶手带中心线的水平距离应大于 0.50m，否则应采取措施，以防对人员造成伤害。

4.1.9 商店建筑的无障碍设计应符合现行国家标准《无障碍设计规范》GB50763 的规定。

4.1.10 商店建筑宜利用天然采光和自然通风。

4.1.11 商店建筑采用自然通风时，其通风开口的有效面积不应小于该房间（楼）地板面积的 1/20。

4.1.12 商店建筑应进行节能设计，并应符合现行国家标准《公共建筑节能设计标准》GB50189 的规定。

4.2 营业区

4.2.1 营业厅设计应符合下列规定：

1 应按商品的种类、选择性和销售量进行分柜、分区或分层，且顾客密集的销售区应位于出入方便的区域；

2 营业厅内的柱网尺寸应根据商店规模大小、零售业态和建筑结构选型等进行确定，应便于商品展示盒柜台、货架布置，并应具有灵活性。通道应便于顾客流动，并应设有均匀的出入口。

4.2.2 营业厅内通道的最小净宽度应符合表4.2.2的规定。

营业厅内通道的最小净宽度 **表 4.2.2**

通道位置		最小净宽度（m）
通道在柜台或货架与墙面或陈列窗之间		2.20
通道在两个平行柜台或货架之间	每个柜台或货架长度小于 7.50m	2.20
	一个柜台或货架长度小于 7.50m 另一个柜台或货架长度为 7.50 ~ 15.00m	3.00
	每个柜台或货架长度为 7.50 ~ 15.00m	3.70
	每个柜台或货架长度大于 15.00m	4.00
	通道一端设有楼梯时	上下两个楼梯宽度之和再加 1.00m
柜台或货架与开敞楼梯最近踏步间距离		4.00m，并不小于楼梯间净宽度

注：1 当通道内设有陈列物时，通道最小宽度应增加该陈列物的宽度；
2 无柜台营业厅的通道最小净宽可根据实际情况，在本表的规定基础上酌减，减小量不要大于 20%；
3 菜市场营业厅的通道最小净宽宜在本表的规定基础上再增加 20%。

4.2.3 营业厅的净高应按其平面形状和通风方式确定，并应符合表 4.2.3 的规定。

营业厅的净高 **表 4.2.3**

通风方式	自然通风			机械排风和自然通风相结合	空气调节系统
	单面开窗	前面敞开	前后开窗		
最大进深与净高比	2 : 1	2.5 : 1	4 : 1	5 : 1	—
最小净高（m）	3.20	3.20	3.50	3.50	3.00

注：1 设有空调设施、新风量和过度季节通风量不小于 $20m^3$/（h·人），并且有人工照明的面积不超过 $50m^2$ 的房间或宽度不超过 3m 的局部空间的净高可酌减，但不应小于 2.40m；
2 营业厅净高应按楼地面至吊顶或楼板底面障碍物之间的垂直高度计算。

4.2.4 营业厅内或近旁宜设置附加空间或场地，并应符合下列规定：

1 服装区宜设试衣间；

2 宜设检修钟表、电器、电子产品等的场地；

3 销售乐器和音响器材等的营业厅设试音室，且面积不应小于 $2m^2$。

4.2.5 自选营业厅设计应符合下列规定：

1 营业厅内宜按商品的种类分开设置自选场地；

2 厅前应设置顾客物品寄存处、进厅闸位、供选购用的盛器堆放位置及出厅收款位等，且面积之和不宜小于营业厅面积的 8%；

3 应根据营业厅内可容纳顾客人数，在出厅处按每 100 人设收款台 1 个（含 0.60m 宽的顾客通过口）；

4 面积超过 $1000m^2$ 的营业厅宜设闭路电视监控装置。

4.2.6 自选营业厅的面积可按每位顾客 $1.35m^2$ 计，当采用购物车时，应按 $1.70m^2$/ 人计。

4.2.7 自选营业厅内通道最小净宽度应符合表 4.2.7 的规定，并应按自选营业厅的设计容纳人数对疏散用的通道宽度进行复核。兼作疏散的通道宜直通至出厅口或安全出口。

自选营业厅内通道最小净宽度 **表 4.2.7**

通道位置		最小净宽度（m）	
		不采用购物车	采用购物车
通道在两个平行货架之间	靠墙货架长度不限，离墙货架长度小于 15m	1.60	1.80
	每个货架长度小于 15m	2. 20	2.40
	每个货架长度为 15 ~ 24m	2.80	3.00
与各货架相垂直的通道	通道长度小于 15m	2.40	3.00
	通道长度不小于 15m	3.00	3.60
货架与出入闸位间的通道		3.80	4.20

注：当采用货台、货区时，其周围留出的通道宽度，可按商品的可选择性进行调整。

4.2.8 购物中心、百货商场等综合性建筑，除商店建筑部分应符合本规范规定外，饮食、文娱等部分的建筑设计还应符合国家现行有关标准的规定。

4.2.9 大型和中型商店建筑内连续排列的商铺应符合下列规定：

1 各店铺的作业运输通道宜另设；

2 商铺内面向公共通道营业的柜台，其前沿应后退至距通道边线不小于 0.50m 的位置；

3 公共通道的安全出口及其间距等应符合现行

国家标准《建筑设计防火规范》GB50016 的规定。

4.2.10 大型和中型商店建筑内连续排列的商铺之间的公共通道最小净宽度应符合表 4.2.10 的规定。

连续排列店铺间的公共通道最小净宽度　　表 4.2.10

通道名称	最小净宽度（m）	
	通道两侧设置商铺	通道一侧设置商铺
主要通道	4.00，且不小于通道长度的 1/10	3.00，且不小于通道长度的 1/15
次要通道	3.00	2.00
内部作业通道	1.80	—

注：主要通道长度按其两端安全出口间距离算。

4.2.11 大型和中型商店内连续排列的饮食店铺的灶台不应面向公共通道，并应设置机械排烟通风设施。

4.2.12 大型和中型商店内连续排列的商铺的隔墙、吊顶等装修材料和构造，不得降低建筑设计对建筑构件及配件的耐火极限要求，并不得随意增加荷载。

4.2.13 大型和中型商店应设置为顾客服务的设施，并应符合下列规定：

1 宜为顾客设置顾客休息室或休息区，且面积宜按营业厅面积的 1.00% ~ 1.40% 计；

2 应设置为顾客服务的卫生间，并宜设服务问讯台。

4.2.14 供顾客使用的卫生间设计应符合下列规定：

1 应设置前室，且厕所的门不宜直接开向营业厅、电梯厅、顾客休息厅或休息区等主要公共空间；

2 宜有天然采光和自然通风，条件不允许时，应采取机械通风措施；

3 中型以上的商店建筑应设置无障碍专用厕所，小型商店建筑应设置无障碍厕位；

4 卫生设施数量的确定应符合现行行业标准《城市公共厕所设计标准》CJJ14 的规定，且卫生间内宜配置污水池；

5 当每个厕所大便器数量为 3 具以上时，应至少设置 1 具坐式大便器；

6 大型商店宜独立设置无性别公共卫生间，并应符合现行国家标准《无障碍设计规范》GB50763 的规定；

7 宜设置独立的清洁间。

4.2.15 仓储式商店营业厅的室内净高应满足堆高机、叉车等机械设备的提升高度要求。货柜的布置形式应满足堆高机、叉车等机械设备移动货物时对操作空间的要求。

4.2.16 菜市场设计应符合下列规定：

1 在菜市场内设置商品运输通道时，其宽度应包括顾客避让宽度；

2 商品装卸和堆放场地应与垃圾废弃物场地相隔离；

3 菜市场内净高应满足通风、排除异味的要求；其地面、货台和墙裙应采用易于冲洗的面层，并应有良好的排水设施；当采用明沟排水时，应加盖篦子，沟内阴角应做成弧形。

4.2.17 大型和中型书店设计应符合下列规定：

1 营业厅宜按书籍文种、科目等划分范围或层次，顾客较密集的售书区应位于出入方便区域；

2 营业厅可按经营需要设置书展区域；

3 设有较大的语音、声像售区时，宜提供试听设备或设试听、试看室；

4 当采用开架书廊营业方式时，可利用空间设置夹层，其净高不应小于 2.10m；

5 开架书廊和书库储存面积指标，可按 400 册 /m^2 ~ 500 册 /m^2 计；书库底层人口宜设置汽车卸货平台。

4.2.18 中药店设计应符合下列规定：

1 营业部分附设门诊时，面积可按每一名医师 10m^2 计（含顾客候诊面积），且单独诊室面积不宜小于 12m^2；

2 饮片、药膏、加工场和熬药间均应符合国家现行有关卫生和防火标准的规定。

4.2.19 西医药店营业厅设计应按药品性质与医疗器材种类进行分区、分柜设置。

4.2.20 家居建材商店应符合下列规定：

1 底层宜设置汽车卸货平台和货物堆场，并应设置停车场；

2 应根据所售商品的种类和商品展示的需

要，进行平面分区；

3　楼梯宽度和货梯选型应便于大件商品搬运；

4　商品陈列盒展示应符合国家现行有关卫生和防火标准的规定。

4.3　仓储区

4.3.1　商店建筑应根据规模、零售业态和需要等设置供商品短期周转的储存库房、卸货区和商品出入库及销售有关的整理、加工和管理等用房。储存库房可分为总库房、分部库房、散仓。

4.3.2　储存库房设计应符合下列规定：

1　单建的储存库房或设在建筑内的储存库房应符合国家现行有关防火规范的规定，并符合防盗、通风、防潮和防鼠等要求；

2　分部库房、散仓应靠近营业厅内的相关销售区，并宜设置货运电梯。

4.3.3　食品类商店仓储区应符合下列规定：

1　根据商品的不同保存条件，应分设库房或在库房内采取有效隔离措施；

2　各用房的地面、墙裙等均应为可冲洗的面层，并不得采用有毒和容易发生化学反应的涂料。

4.3.4　中药店的仓储区宜按各类药材、饮片及成药对温湿度和防霉变等的不同要求，分设库房。

4.3.5　西医药店的仓储区应设置与商店规模相适应的整理包装间、检验间及按药品性质、医疗器材种类分设的库房；对无特殊储存条件要求的药品库房，应保持通风良好、空气干燥、无阳光直射，且室温不应大于30℃。

4.3.6　储存库房内存放商品应紧凑、有规律，货架或堆垛间的通道净宽度应符合表4.3.6的规定。

货架或堆垛间的通道净宽度　　表4.3.6

通道位置	净宽度（m）
货架或堆垛与墙面间的通风通道	> 0.30
平行的两组货架或堆垛间手携商品通道，按货架或堆垛宽度选择	0.70 ~ 1.25
与各货架或堆垛间通道相连的垂直通道，可通行轻便手推车	1.50 ~ 1.80
电瓶车通道（单车道）	> 2.50

注：1 单个货架宽度为0.30 ~ 0.90m，一般为两架并靠成组；堆垛宽度为0.60 ~ 1.80m；

2 储存库房内电瓶车行速不应超过75m/min，其通道宜取直，或设置不小于6m × 6m的回车场地。

4.3.7　储存库房的净高应根据有效储存空间及减少至营业厅垂直运距等确定，应按楼地面至上部结构主梁或桁架下弦底面间的垂直高度计算，并应符合下列规定：

1　设有货架的储存库房净高不应小于2.10m；

2　设有夹层的储存库房净高不应小于4.60m；

3　无固定堆放形式的储存库房净高不应小于3.00m。

4.3.8　当商店建筑的地下室、半地下室用作商品临时储存、验收、整理和加工场地时，应采取防潮、通风措施。

4.4　辅助部分

4.4.1　大型和中型商店辅助区包括外向橱窗、商品维修用房、办公业务用房，以及建筑设备用房和车库等，并应根据商店规模和经营需要进行设置。

4.4.2　大型和中型商店应设置职工更衣、工间休息及就餐等用房。

4.4.3　大型和中型商店应设置职工专用厕所，小型商店宜设置职工专用厕所，且卫生设施数量应符合现行行业标准《城市公共厕所设计标准》CJJ14的规定。

4.4.4　商店建筑内部应设置垃圾收集空间或设施。

5　防火与疏散

5.1　防火

5.1.1　商店建筑防火设计应符合现行国家标准《建筑设计防火规范》GB50016的规定。

5.1.2　商店的易燃、易爆商品储存库房宜独立设置；当存放少量易燃、易爆商品储存库房与其它储存库房合建时，应靠外墙布置，并应采用防火墙和耐火极限不低于1.50h的不燃烧体楼板隔开。

5.1.3　专业商店内附设的作坊、工场应限为丁、戊类生产，其建筑物的耐火等级、层数和面积应符合现行国家标准《建筑设计防火规范》GB50016的规定。

5.1.4　除为综合性建筑配套服务且建筑面积小于1000m^{2}的商店外，综合性建筑的商店部分应采用耐火极限不低于2.00h的隔墙和耐火极限不低于1.50h的不燃烧体楼板与其它部分隔开；商店部分的安全出口必须与建筑其他部分隔开。

5.1.5　商店营业厅的吊顶和所有装修饰面，应采用非燃烧材料或难燃烧材料，并应符合建筑物耐火等级和现行国家标准《建筑内部装修设计防火规范》GB50222的规定。

5.2　疏散

5.2.1　商店营业厅疏散距离的规定和疏散人数的计算应符合现行国家标准《建筑设计防火规范》GB50016的规定。

5.2.2　商店营业区的底层外门、疏散楼梯、疏散走道等的宽度应符合现行国家标准《建筑设计防火规范》GB50016的规定。

5.2.3　商店营业厅的疏散门应为平开门，且应向疏散方向开启，其净宽不应小于1.40m，并不宜设在门槛。

5.2.4　商店营业区的疏散通道和楼梯间内的装修、橱窗和广告牌等均不得影响疏散宽度。

5.2.5　大型商店的营业厅在五层及以上时，应设置不少于2个直通屋顶平台的疏散楼梯间。屋顶平台上无障碍物的避难面积不宜小于最大营业层建筑面积的50%。

6　室内环境

6.1　一般规定

6.1.1　商店建筑应利用自然通风和天然采光。采用自然通风时，其通风开口有效面积应符合本规范第4.1.11条的规定。当自然通风开口有效面积不满足自然通风的要求时，应设置机械通风系统。

6.1.2　商店建筑室内空气质量应符合现行国家标准《室内空气质量标准》GB/T18883的规定。

6.2　室内材料

6.2.1　商店建筑室内建筑材料和装修材料所产生的室内环境污染物浓度限量应符合现行国家标准《民用建筑工程室内环境污染控制规范》GB50325的规定。

6.2.2　商店建筑的营业厅和人员通行区域的地面、楼面面层材料应耐磨、防滑。

6.3　保温隔热

6.3.1　商店建筑围护结构应进行热工设计，并应符合现行国家标准《公共建筑节能设计标准》GB50189的规定，围护结构应通过结露验算。

6.3.2　商店建筑营业厅的东西朝向应采用大面积外窗、透明幕墙以及屋顶采用大面积采光顶时，宜设置外部遮阳设施。

6.4　室内声环境

6.4.1　商店建筑室内声环境设计应符合现行国家标准《民用建筑隔声设计规范》GB50118的规定。

7　建筑设备

7.1　给水排水

7.1.1　商店建筑应设置给水排水系统，且用水定额及给水排水系统的设计应符合现行国家标准《建筑给水排水设计规范》GB50015的规定。

7.1.2　生活给水系统宜利用城镇给水管网的水压直接供水。

7.1.3　空调冷却用水应采用循环冷却水系统。

7.1.4　卫生器具和配件应采用节水型产品，公共卫生间宜采用延时自闭式或感应式水嘴或冲洗阀。

7.1.6　给水排水管道不宜穿过橱窗、壁柜等设施；营业厅内的给水、排水管道宜隐蔽敷设。

7.1.7　超级市场生鲜食品区、菜市场内应设给水和排水设施，并应符合以下规定：

1　给水管道的配水件出口不得被任何液体或杂质所淹没；

2　鲜活水产品区给水宜设置计量设施；

3　采用明沟排水时，排水沟与排水管道连接处应设置格栅或带网框地漏，并应设水封装置。

7.1.8　对于可能结露的给水排水管道，应采取防结露措施。

7.2　采暖通风和空气调节

7.2.1　商店建筑应根据规模、使用要求及所在气候区，设置供暖、通风及空气调节系统；并根据当地的气象、水文、地质条件及能源情况，选择经济合理的系统形式及冷、热源方式。

7.2.2　当设置供暖、通风及空气调节时，室内空气计算参数应符合下列规定：

1　当采用室外自然空气冷却时，营业厅的温度不应高于32℃；

2　当设置供暖设施时，供暖房间室内设计温度应符合表7.2.2-1的规定。

采暖房间室内设计计算参数　　表 7.2.2-1

房间名称	室内设计温度℃
营业厅	16 ~ 18
厨房和饮食制作间	10 ~ 16
干菜、饮料、药品库	8 ~ 10
蔬菜库	5
洗涤间	16 ~ 18

3　设置空气调节时，空调房间室内设计计算参数应符合表 7.2. 2-2 的规定。

空调房间室内设计计算参数　　表 7.2.2-2

房间名称	室内温度（℃）		室内湿度（%）		室内风速（m/s）	
	夏季	冬季	夏季	冬季	夏季	冬季
营业厅	25 ~ 28	18 ~ 24	≤ 65	≥ 30	≤ 0.3	≤ 0.2
食品、药品库	≤ 32	≥ 5	—	—	—	—

注：空气调节系统冬季供热时，室内温度 18℃ ~ 20℃；空气调节系统冬季供冷时，室内温度 20℃ ~ 24℃。

4　营业厅、室的新风量不应小于 15m³/（h·人），且应保证稀释室内污染物所需新风量。

7.2.3　供暖通风及空气调节系统的设置应符合下列规定：

1　当设采暖时，不得采用有火灾隐患的采暖装置；

2　对于设有供暖的营业厅，当销售商品对防静电有要求时，宜设局部加湿装置；

3　通风道、通风口应设消声、防火装置；

4　营业厅与空气处理室之间的隔墙应为防火兼隔声构造，并不宜直接开门相通；

5　平面面积较大、内外分区特征明显的商店建筑，宜按内外区分别设置空调风系统；

6　大型商店建筑内区全年有供冷要求时，过度季节宜采用室外自然空气冷却，供暖季节宜采用室外自然空气冷却或天然冷源供冷；

7　对于设有空调系统的营业厅，当过度季节自然通风不能满足室内温度及卫生要求时，应采用机械通风，并应满足室内风量平衡；

8　空调及通风系统应设空气过滤装置，且初级过滤器对≥ 5μm 的大气尘计数效率不低于 60%，终级过滤器对≥ 1μm 的大气尘计数效率不低于 50%；

9　当设有空气系统时，应按现行国家标准《公共建筑节能设计标准》GB50189 的规定设置排风热回收装置，并应采取非使用期旁通措施；

10　人员密集场所的空气调节系统宜采取基于二氧化碳浓度控制的新房调节措施；

11　严寒和寒冷地区带中庭的大型商店建筑的门斗应设供暖设施，首层宜加地面辐射供暖系统。

7.3　电气

7.3.1　商业建筑的用电负荷应根据建筑规模、使用性质和中断供电所造成的影响和损失程度等进行分级，并应符合下列规定：

1　大型商店建筑的经营管理用计算机系统用电应为一级负荷中的特别重要负荷，营业厅的备用照明用电应为一级负荷，营业厅的照明、自动扶梯、空调用电应为二级负荷；

2　中型商店建筑营业厅的照明用电应为二级负荷；

3　小型商店建筑的用电应为三级负荷；

4　电子信息系统机房的用电负荷等级应与建筑物最高负荷等级相同，并应配置不间断供电电源；

5　消防用电设备的负荷等级应符合现行国家标准《建筑设计防火规范》GB50016 的规定。

7.3.2　商店建筑的照明设计应符合下列要求：

1　照明设计应与室内设计和商店工艺设计同步进行；

2　平面和空间的照度、亮度宜配制恰当，一般照明、局部重点照明和装饰艺术照明应有机组合；

3　营业厅应合理选择光色比例、色温和照度。

7.3.3　商店建筑的一般照明应符合国家现行标准《建筑照明设计标准》GB50034 的规定。当商店营业厅无天然光或天然光不足时，宜将设计照度提高一级。

7.3.4　大型和中型百货商场宜设重点照明，收款台、修理台、货架柜等宜设局部照明，橱窗照明的照度宜为营业厅照度的 2 ~ 4 倍，商品展示区域的一般垂直照度不宜低于 150Lx。

7.3.5　营业厅照明应满足垂直照度的要求，

且一般区域的垂直照度不宜低于50Lx，柜台区的垂直照度宜为100Lx ~ 150Lx。

7.3.6 营业厅的照度和亮度分布应符合下列规定：

1 一般照明的均匀度（工作面上最低照度与平均照度之比）不应低于0.6；

2 顶棚的照度应为水平照度的0.3倍~ 0.9倍；

3 墙面的亮度不应大于工作区的亮度；

4 视觉作业亮度与其相邻环境的亮度比宜为3:1；

5 需要提高亮度对比或增加阴影的部位可装设局部定向照明。

7.3.7 商店建筑的照明应按商品类别选择光源的色温和显色性（Ra），并应符合下列规定：

1 对于主要光源，在高照度处宜采用高色温光源，在低照度处宜采用低色温光源；

2 主要光源的显色指数应满足商品颜色真实性的要求，一般区域，Ra可取80，需反映商品本色的区域，Ra宜大于85；

3 当一种光源不能满足光色要求时，可采用两种及两种以上光源混光的复合色。

7.3.8 对变、褪色控制要求较高的商品，应采用截阻红外线和紫外线的光源。

7.3.9 对于无具体工艺设计且有使用灵活性要求的营业厅，除一般照明可作均匀布置外，其余照明宜预留插座，且每组插座容量可按货柜、货架为200W/m ~ 300W/m及橱窗为300W/m ~ 500W/m计算。

7.3.10 大型商店建筑的疏散通道、安全出口和营业厅应设置只能疏散照明系统；中型商店建筑的疏散通道和安全出口应设置只能疏散照明系统。

7.3.11 大型和中型商店建筑的营业厅疏散通道的地面应设置保持视觉连续的灯光或蓄光疏散指示标志。

7.3.12 商店建筑应急照明的设置应按现行国家标准《建筑设计防火规范》GB50016执行，并应符合下列规定：

1 大型和中型商店建筑的营业厅应设置备用照明，且照度不应低于正常照明的1/10；

2 小型商店建筑的营业厅宜设置备用照明，且照度不应低于30Lx；

3 一般场所的备用照明的启动时间不应大于5.0S；贵重物品区域及柜台、收银台的备用照明应单独设置，且启动时间不应大于1.5S；

4 大型和中型商店建筑应设置值班照明，且大型商店建筑的值班照明照度不应低于20Lx；中型商店建筑的值班照明照度不应低于10Lx；小型商店建筑宜设置值班照明，且照度不应低于5Lx，值班照明可利用正常照明中能单独控制的一部分，或备用照明的一部分或全部；

5 当商店一般照明采用双电源（回路）交叉供电时，一般照明可兼作备用照明。

7.3.13 商店建筑除消防负荷外的配电干线，可采用铜芯导线或电工级铝合金电缆和母线槽，营业区配电分支线路应采用铜芯导线。

7.3.14 对于大型和中型商店建筑的营业厅，线缆的绝缘和护套应采用低烟低毒阻燃型。

7.3.15 大型和中型商店建筑的营业场所内导线明敷设时，应穿金属管、可绕金属电线导管或金属线槽敷设。

7.3.16 对于大型和中型商店建筑的营业厅，除消防设备及应急照明外，配电干线回路应设置防火剩余电流动作报警系统。

7.3.17 小型商店建筑的营业厅照明宜设置防火剩余电流动作报警系统。

7.3.18 商店建筑的电子信息系统应根据其经营性质、规模、管理方式及服务对象的需求进行设置，并应符合下列规定：

1 大型和中型商店建筑的大厅、休息厅、总服务台等公共部位，应设置公用直线电话和内线电话，并应设置无障碍公用电话；小型商店建筑的服务台宜设置公用直线电话；

2 大型和中型商店建筑的商业区、仓储区、办公业务用房等处，宜设置商业管理或电信业务运营商宽带无线接入网；

3 商店建筑综合布线系统的配线器件与缆线，应满足千兆及以上以太网信息传输的要求，并应预留信息端口数量和传输带宽的裕量；每个工作区应根据业务需要设置相应的信息端口；

4　大型和中型商店建筑应设置电信业务运营商移动通信覆盖系统，以及商业管理无线对讲通信覆盖系统；

5　大型和中型商店建筑应在建筑物室外和室内的公共场所设置信息发布系统；

6　销售电视机的营业厅宜设置有线电视信号接口；

7　大型和中型商店建筑的营业厅应设置背景音乐广播系统，并应受火灾自动报警系统的联动控制；

8　大型和中型商店建筑应按区域和业态设置建筑能耗控制管理系统；

9　大型和中型商店建筑宜设置智能卡应用系统，并宜与商店信息管理系统联网；

10　商店建筑的安全技术防范系统应符合现行国家标准《安全防范工程技术规范》GB50348的有关规定；

11　大型和中型商店建筑宜设置顾客人数统计系统，并宜与商场信息管理系统联网；

12　大型和中型商店建筑宜设置商业信息管理系统，并应根据商店规模和管理模式设置前台、后台系统管理软件。

7.3.19　商店建筑电气节能设计应符合现行国家标准《公共建筑节能设计标准》GB50189、《建筑照明设计标准》GB50034等的规定。

本规范用词说明

1　为便于在执行本规范条文时区别对待，对要求严格程度不同的用词说明如下：

1）表示很严格，非这样做不可的：

正面词采用“必须”；

反面词采用“严禁”；

2）表示严格，在正常情况下均应这样做的：

正面词采用“应”；

反面词采用“不应”或“不得”；

3）表示允许稍有选择，在条件许可时首先应这样做的：

正面词采用“宜”；

反面词采用“不宜”；

表示有选择，在一定条件下可以这样做的，采用“可”。

2　条文中指定应按其他有关标准执行的写法为“应符合……的规定”或“应按……执行”。

二、课程设计任务书

（一）题目

某专卖店室内设计

（二）目的

了解专卖店的设计要点，熟悉展台、展柜、展架的形式，构造与图示；掌握背景墙的设计要领。

（三）要求

建筑平面如附图，净高 4.3m，梁底标高 3.8m，柜机空调。请设计一个手机专卖店或书店、鞋店、服饰店、茶叶店。要求适用，美观，特色鲜明，整体格调与经营商品相契合。除营业厅外，应有一间办公室（兼洽谈室）、小库房和一个自用洗手间（设洗面盆及便器），还要精心设计一个收款台及背景墙。对某些专卖店，还要视需要设计试衣间、试鞋座位、品茶处及维修间。

（四）图纸

平面图 1 个（1：100 或 1：75）；
顶棚平面图 1 个（比例与平面相同）；
剖面图 2 个（1：75 或 1：50）；
展台、展柜、展架详图 1 组（比例自定）；
背景墙立面 1 个（1：75）；
效果图 1 个；
A2 图纸 1 张，墨线完成，效果；
图为工具图，上色方法不限。

（五）时间

课内 24 学时。

（六）提示

1. 进行一次调研，注意收集顶棚、照明、灯具、展柜及背景墙等资料，将调研成果整理成二张 A3 纸，与正式图一起交指导老师；

2. 本店位于底层，入口面向人行道，左右与其他店铺连接。

（七）附图

如右图所示。

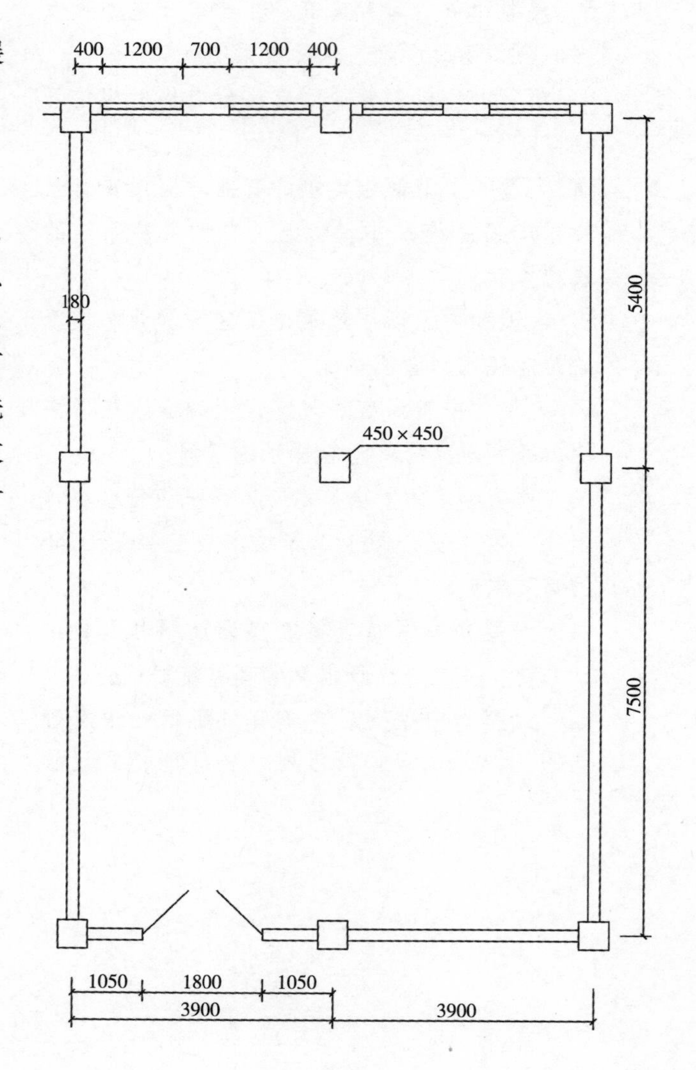

作业范例一

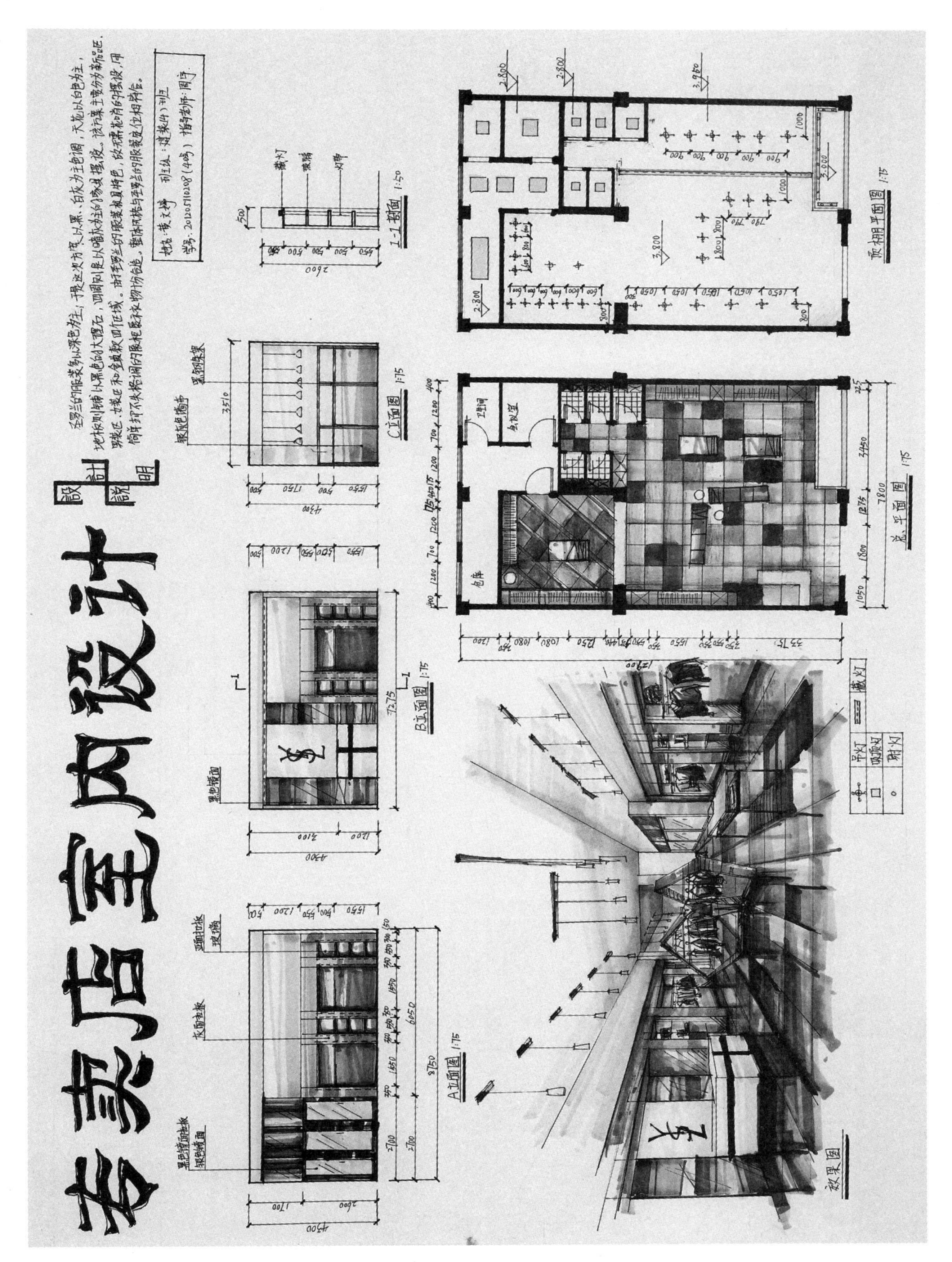
专卖店室内设计
设计说明
A立面图 1:75
B立面图 1:75
C立面图 1:75
1-1剖面 1:50
总平面图 1:75
顶棚平面图 1:75
效果图

作业范例二

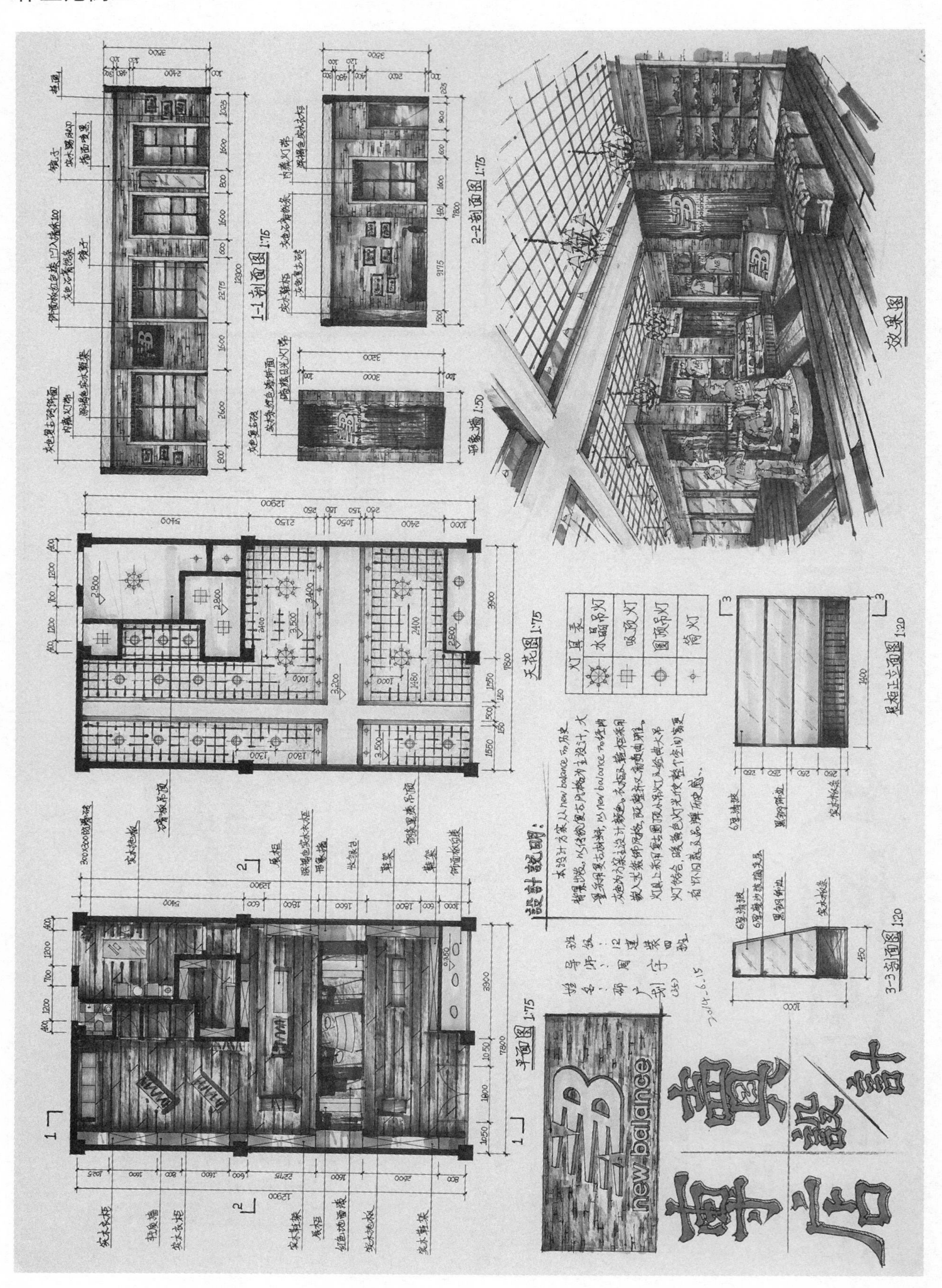

作业范例三

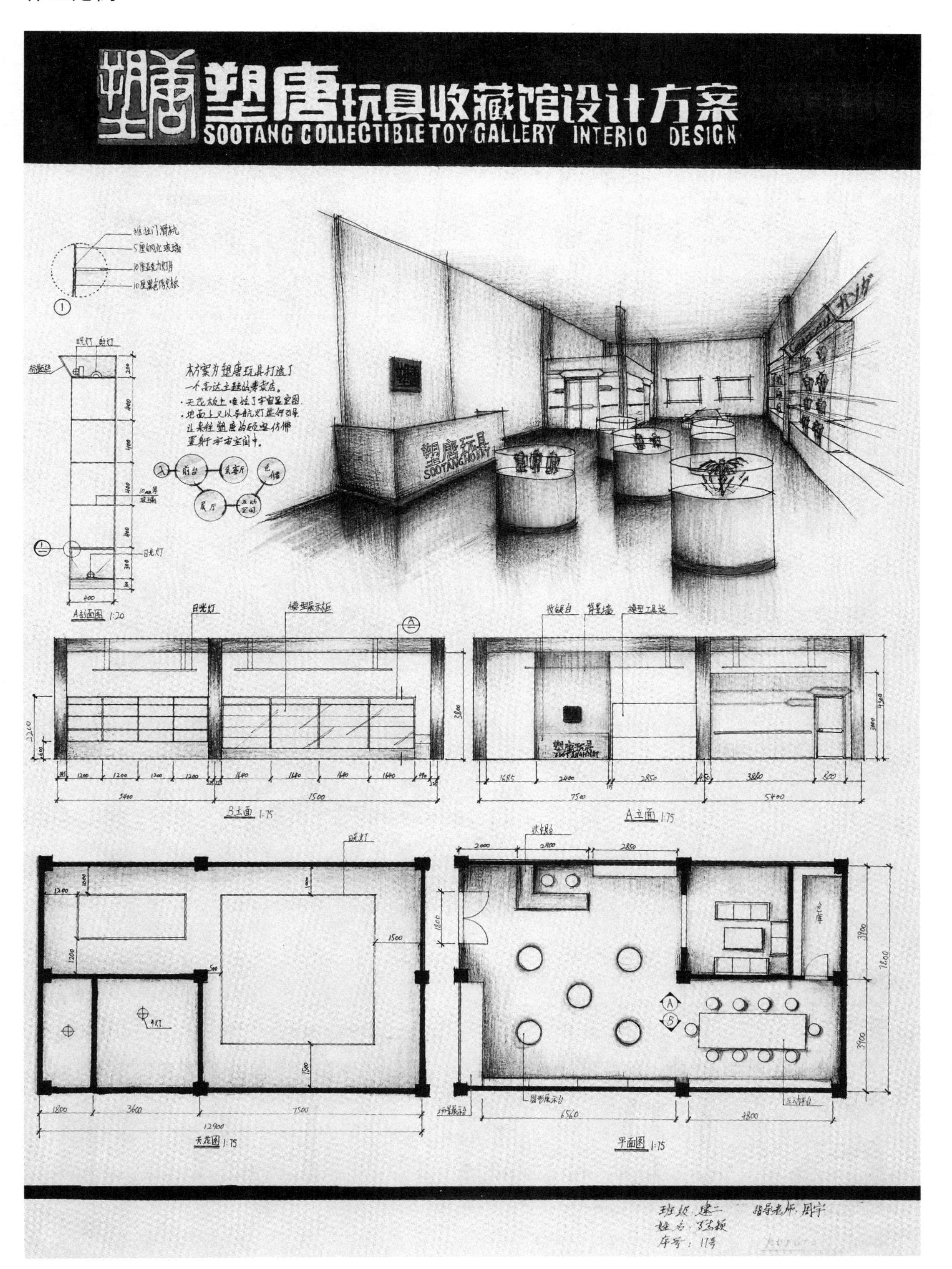
塑唐玩具收藏馆设计方案
SOOTANG COLLECTIBLETOY GALLERY INTERIO DESIGN
A剖面图 1:20
B立面 1:75
A立面 1:75
天花图 1:75
平面图 1:75

作业范例四

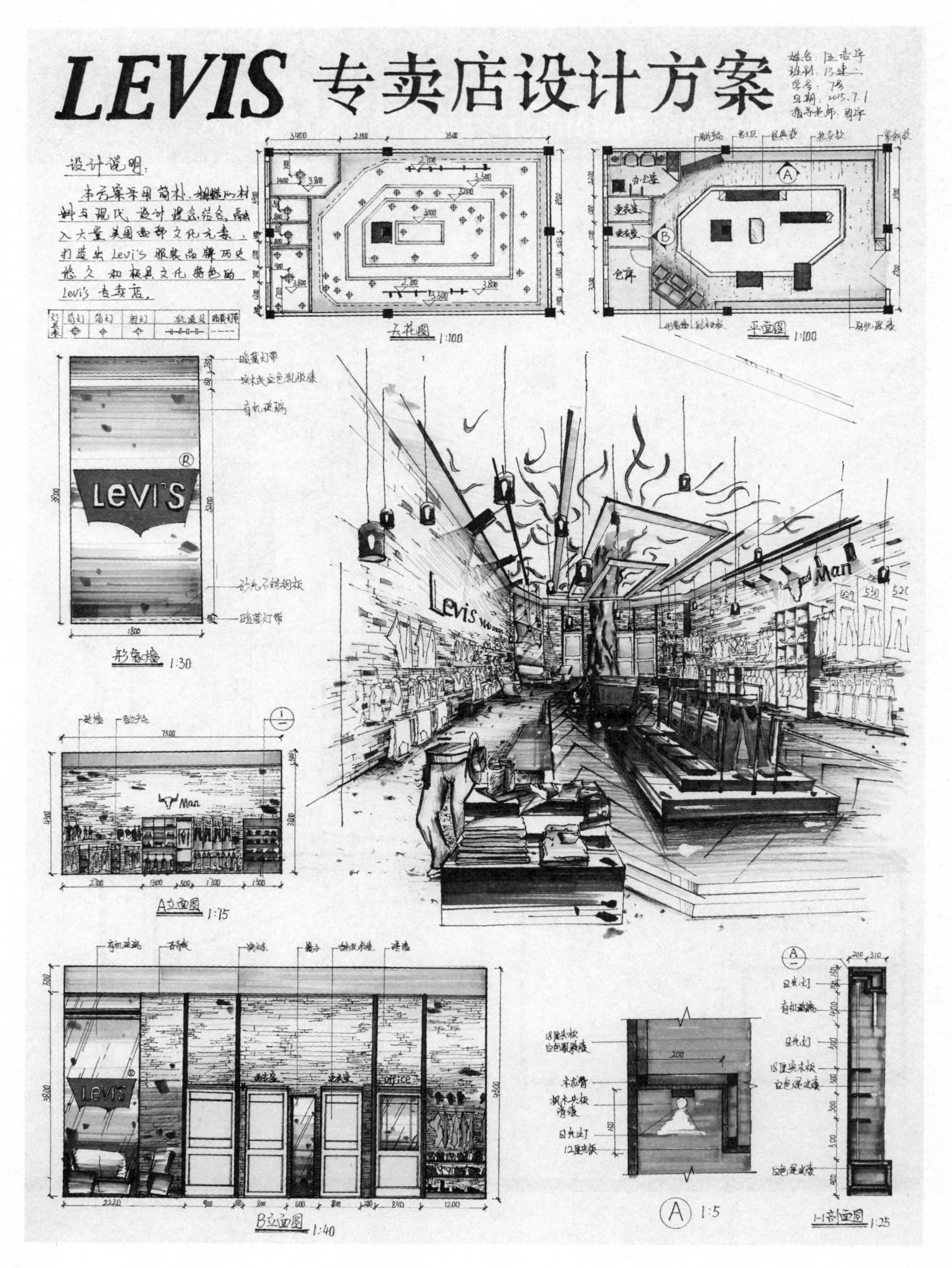
LEVIS 专卖店设计方案
设计说明:
本方案采用简朴、粗糙的材料与现代设计理念结合，融入大量美国西部文化元素，打造出Levi's服装品牌历史悠久和极具文化特色的Levi's专卖店。
天花图 1:100
平面图 1:100
办公室
更衣室
仓库
形象墙 1:30
暗藏灯带
有机玻璃
Levi's
Man
A立面图 1:15
B立面图 1:40
office
A 1:5
1-1剖面图 1:25

参考书目

1. 中华人民共和国建设部. 商店建筑设计规范 JGJ48–2014. 北京：中国建筑工业出版社，2014.
2. 张绮曼，郑曙旸. 室内设计资料集. 北京：中国建筑工业出版社，2000.
3. 霍维国，霍光. 室内设计教程（第 3 版）. 北京：机械工业出版社，2016.
4. 霍维国，霍光. 室内设计工程图画法（第三版）. 北京：中国建筑工业出版社，2011.
5. 邱晓葵. 专卖店空间设计营造. 北京：中国电力出版社，2012.
6. 马大力. 服装展示技术. 北京：中国纺织出版社，2012.
7. 王凌珉. 专卖店空间设计. 北京：中国建筑工业出版社，2012.
8. 康海飞. 室内设计资料图集. 北京：中国建筑工业出版社，2009.
9. 精品文化工作室. 专卖店设计. 大连：大连理工大学出版社，2012.
10. 李小慧. 卖场与专卖店陈列设计. 北京：中国电力出版社，2013.
11. WEMAD（编）. 陈炳炎 魏小娟（译）. 最新专卖店空间设计. 北京：中国水利水电出版社，2012.
12. 徐宾宾. 魅力室内空间设计 160 例 服装专卖店. 北京：中国建筑工业出版社，2014.
13. 众为国际. 珠宝专卖店设计. 北京：机械工业出版社，2013.